改訂版

中学校3年間の数学が1冊でしっかりわかる本

東大卒プロ数学講師
小杉拓也

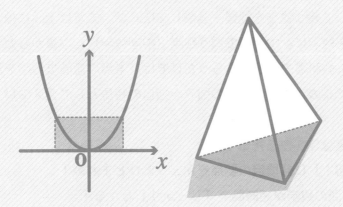

本書は、小社より2016年に刊行された『中学校3年間の数学が1冊でしっかりわかる本』を、2021年度からの新学習指導要領に対応させた改訂版です。

かんき出版

はじめに
1冊で中学校3年間の数学がわかる決定版!

本書を手にとっていただき、誠にありがとうございます。

この本は、中学校3年間で習う数学を、1冊でしっかり理解するための本(2021年度からの新学習指導要領に対応した改訂版)です。

『小学校6年間の算数が1冊でしっかりわかる本』は、ありがたいことに初版と改訂版を合わせて30万部を超えるベストセラーとなり、勉強を教えたい親御さん、算数が苦手な大人の方、小・中学生など、幅広くたくさんの方に手にとっていただきました。

「この本に、もっと早く出会いたかった」「算数が好きになりました」

読者の皆さんからのそんな声に後押ししていただき、続編となる『中学校3年間の数学が1冊でしっかりわかる本』をつくることにしました。

①学び直しや頭の体操をしたい大人の方
②復習や予習をしたい中学生や高校生。または高校受験・専門学校受験予定の方
③お子さんに中学校で習う数学を復習・予習してほしい、または上手に教えたい親御さん

今回は、上の方を対象に、中学校で習う数学(中学数学)を本質からわかるように構成しました。ただし、教科書の内容をさらうだけでは、本当の意味で数学を理解することはできません。そこでこの本では、7つの強みを独自の特長として備えています。

その1 **各項目に コレで完璧！ポイント を掲載！**
その2 **「ここが大切！」に各項目の要点をギュッとひとまとめ！**
その3 **中学校3年間の数学が短時間で「しっかり」わかる！**
その4 **「学ぶ順序」と「ていねいな解説」へのこだわり！**
その5 **用語の理解を深めるために、巻末に「意味つき索引」も！**
その6 **範囲とレベルは中学校の教科書と同じ！ 新学習指導要領にも対応！**
その7 **中学1年生から大人まで一生使える1冊！**

小さな「わかった！」を積み重ねていけば、数学のおもしろさが見えてきます。

ぜひ、楽しみながら、本書を読んでみてください。

『改訂版 中学校３年間の数学が１冊でしっかりわかる本』の７つの強み

その1 各項目に ⚡コレで完璧！ ポイント を掲載！

中学数学には、「これを知るだけでスムーズに解ける」「ちょっとした工夫でミスがぐんと減る」といったポイントがあります。

しかし、そういうポイントは、教科書にはあまり載っていません。そこで本書では、私の20年以上の指導経験から、「学校では教えてくれないコツ」「成績が上がる解きかた」「ミスを減らす方法」など、知るだけで差がつくポイントを、すべての項目に掲載しました。

その2 ここが大切！ に各項目の要点をギュッとひとまとめ！

すべての項目の冒頭に、その要点をギュッとまとめた ここが大切！ を掲載しました。要点をおさえたうえで学習することで、それぞれの項目をはやく、正確に理解することができます。

その3 中学校３年間の数学が短時間で「しっかり」わかる！

本書のタイトルの「しっかり」には、２つの意味があります。

１つめは、中学数学を「最少の時間」で「最大限に理解できる」ように、大切なことだけを凝縮して掲載しているということ。２つめは、奇をてらった解きかたではなく、中学校の教科書にそった、できるだけ「正統」な手順を掲載したということです。

この２つの意味において、忙しい学生や大人の方にも短時間で「しっかり」学んでいただける１冊になっています。

その4 「学ぶ順序」と「ていねいな解説」へのこだわり！

数学の学習をすると、論理的な思考力を伸ばすことができます。なぜなら、数学では「AだからB、BだからC、CだからD」というように、順番に考えをみちびくことが必要だからです。

論理的に数学を学べるように、本書は「はじめから順に読むだけでスッキリ理解できる」構成になっています。また、読む人が理解しやすいように、とにかくていねいに解説することを心がけました。シンプルな計算でも、途中式を省かずに解説しています。

その5　用語の理解を深めるために、巻末に「意味つき索引」も！

　数学の学習では、用語の意味をおさえることがとても大事です。用語の意味がわからないと、それがきっかけでつまずいてしまうことがあるからです。

　本当の意味で「中学校3年間の数学がわかる」には、数学で出てくる用語とその意味をしっかり知っておく必要があるのです。そこで本書では、「移項」や「因数分解」といった数学独特の用語の意味を、ひとつひとつていねいに解説しています。

　そのうえで、気になったときに用語を探して、意味をすぐ調べられるように、はじめて出てくる用語には、できる限りよみがなをつけ、巻末の「意味つき索引」とリンクさせています。読むだけで「用語を言葉で説明する力」を伸ばしていくことができます。

その6　範囲とレベルは中学校の教科書と同じ！　新学習指導要領にも対応！

　本書で扱う例題や練習問題は、中学校の教科書の範囲とレベルに合わせた内容になっています。

　また、2021年度からの新学習指導要領では、累積度数、四分位範囲、箱ひげ図などの用語が、中学数学の「データの活用」の単元に加わりました。今回の改訂版では、これらの新たな用語もしっかりと解説しています。

その7　中学1年生から大人まで一生使える1冊！

　本書のそれぞれの項目には、それを中学校で習う学年（1年生、2年生、3年生）を明記しています。そのため、中学生なら、自分の学年で習っている内容を重点的に学習することができます。

　高校生から大人の方にとっても、はじめから順に読んだり、学びたい分野だけ読んだりと、それぞれの用途に合わせて使うことが可能です。中学1年生から大人、さらには高齢者の方まで、一生使える1冊だといえるでしょう。

本書の使いかた

1 各章で学ぶ単元です

2 この見開き2ページで学ぶ項目です

3 中学校の検定教科書（2021年度からの新学習指導要領に準拠）をもとにした、各項目を習う学年です

4 各項目を学ぶうえで一番のポイントです

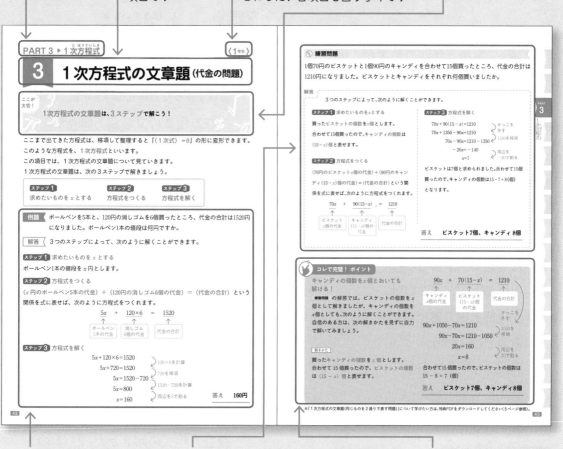

5 各項目の例題です。解きかたの流れをじっくり理解しましょう

6 それまでの内容をふまえた練習問題です。例題だけ、練習問題だけしか載っていない項目は、解きかたの流れを理解してから、答えをかくして解いてみましょう

7 各項目を学ぶうえでのポイントです。知るだけで差がつくさまざまなコツを載せています

特典PDFのダウンロード方法

この本の特典として、「1次方程式の文章題（同じものを2通りで表す問題）」「近似値と有効数字」「平行四辺形の性質と証明問題」の3つを、パソコンやスマートフォンからダウンロードすることができます。日常の学習に役立ててください（「近似値と有効数字」は、この改訂版を刊行するにあたり、新たに書き下ろしたものです）。

1 インターネットで下記のページにアクセス
   パソコンから
   URLを入力
   https://kanki-pub.co.jp/pages/tksugaku/

   スマートフォンから
   QRコードを読み取る

2 入力フォームに、必要な情報を入力して送信すると、ダウンロードページのURLがメールで届く

3 ダウンロードページを開き、 ダウンロード をクリックして、パソコンまたはスマートフォンに保存

4 ダウンロードしたデータをそのまま読むか、プリンターやコンビニのプリントサービスなどでプリントアウトする

もくじ

1 正の数と負の数

ここが
大切！
0より大きい数が正の数
0より小さい数が負の数

1 正の数と負の数とは

例えば、**0より7大きい数を＋7**と表すことがあります。

＋は「プラス」と読み、**正の符号**といいます。

＋7のように、**0より大きい数を正の数**といいます。

一方、例えば、**0より3小さい数を−3**と表します。

−は「マイナス」と読み、**負の符号**といいます。

−3のように、**0より小さい数を負の数**といいます。

正の数と負の数を合わせて、**正負の数**といいます。

> ＋7（0より7大きい）→ 正の数 　正
> −3（0より3小さい）→ 負の数 　負の数

整数には、**正の整数、0、負の整数**があります。**正の整数**のことを自然数ともいいます。

0は自然数ではないので注意しましょう。

整数
$$\cdots、-3、-2、-1、0、+1、+2、+3、\cdots$$
負の整数　　　　　　正の整数（自然数）

2 数の大小

正の数、0、負の数を、数直線（数を対応させて表した直線）で表すと、次のようになります。数直線上では、**右にある数ほど大きく、左にある数ほど小さい**です。

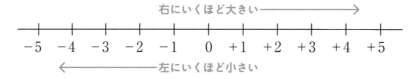

右にいくほど大きい
$$-5 \quad -4 \quad -3 \quad -2 \quad -1 \quad 0 \quad +1 \quad +2 \quad +3 \quad +4 \quad +5$$
左にいくほど小さい

数の大小は、不等号を使って表すことができます。

不等号とは、**数の大小を表す記号（＜と＞）**のことです。

大きい数と小さい数があるとき、次のように表します（開いているほうが大きい数です）。

不等号の表しかた	
大きい数 > 小さい数	［例］ ＋4 > －3
小さい数 < 大きい数	［例］ －3 < ＋4

3 絶対値とは

数直線上で、0からある数までの距離を、その数の絶対値といいます。

例えば、 ＋5の絶対値は5で、 －4の絶対値は4です。

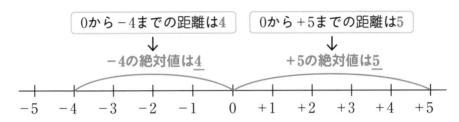

0から－4までの距離は4		0から＋5までの距離は5
↓		↓
－4の絶対値は4		＋5の絶対値は5

$$-5 \quad -4 \quad -3 \quad -2 \quad -1 \quad 0 \quad +1 \quad +2 \quad +3 \quad +4 \quad +5$$

 コレで完璧！ ポイント

＋と－をとりのぞけば、絶対値になる！

「正負の数から、符号（＋や－）をとりのぞいた数」が、その数の絶対値であるということもできます。

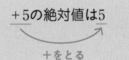

＋5の絶対値は5　　－4の絶対値は4

＋をとる　　－をとる

🖐 練習問題

右の数直線について、次の問いに答えましょう。

（1）点 A と点 B にあたる数をそれぞれ答えましょう。

（2）－2の絶対値を答えましょう。

（3）－3と－1の大小関係を、不等号を使って表しましょう。

B　　　　　A

$$-3 \quad -2 \quad -1 \quad 0 \quad +1 \quad +2 \quad +3$$

解答

（1）点Aは、0から右に1.5のところにあるので、＋1.5です。
　　　点Bは、0から左に2.5のところにあるので、－2.5です。

答え　　**Aは＋1.5　Bは－2.5**

（2）－2は、**0からの距離が2**です。だから、－2の絶対値は**2**です。
　　　※－2から、符号（－）をとって、2と求めることもできます。

答え　　**2**

（3）数直線上で、－3のほうが－1より左にあります。
　　　つまり、－3のほうが－1より小さいので、－3＜－1

答え　　**－3 ＜ －1**

2 たし算と引き算

ここが
大切！

次の3種類の計算のしかたをおさえよう！
①同じ符号どうしのたし算　②違う符号どうしのたし算　③引き算

1 同じ符号どうしのたし算

たし算の答えを和といいます。

正の数＋正の数、負の数＋負の数のような同じ符号どうしの数のたし算では、絶対値の和に共通の符号をつけて計算します（符号とは、＋と－の記号のことです）。

正の数＋正の数

[例]　　　　$(+8)+(+7)=$

解きかた　$(+8)+(+7)=+(8+7)=+15$

共通の符号　　たす

負の数＋負の数

[例]　　　　$(-3)+(-9)=$

解きかた　$(-3)+(-9)=-(3+9)=-12$

共通の符号　　たす

2 違う符号どうしのたし算

正の数＋負の数、負の数＋正の数のような違う符号どうしの数のたし算では、絶対値の大きいほうから小さいほうを引き、絶対値が大きいほうの符号をつけて計算します。

正の数＋負の数

[例]　　　　$(+2)+(-5)=$

解きかた　$(+2)+(-5)=-(5-2)=-3$

引く
絶対値が大きいほうの符号

負の数＋正の数

[例]　　　　$(-9)+(+4)=$

解きかた　$(-9)+(+4)=-(9-4)=-5$

引く
絶対値が大きいほうの符号

✍ 練習問題1

次の計算をしましょう。

（1）$(+6)+(+5)=$　　（2）$(-12)+(-9)=$　　（3）$(+7)+(-4)=$　　（4）$(-3)+(+14)=$

解答

(1) $(+6)+(+5)=+(6+5)=+11$
　　共通の符号　　　たす

(2) $(-12)+(-9)=-(12+9)=-21$
　　共通の符号　　　たす

(3) $(+7)+(-4)=+(7-4)=+3$
　　絶対値が大きいほうの符号　　引く

(4) $(-3)+(+14)=+(14-3)=+11$
　　絶対値が大きいほうの符号　　引く

3 正負の数の引き算

引き算の答えを差といいます。

正負の数の引き算では、引く数の符号をかえて、たし算に直して計算します。

【例】　　　$(+3)-(+7)=$

| 解きかた | $(+3)-(+7)$ |

たし算に直す↓ ↓符号をかえる

$=(+3)+(-7)=-(7-3)=$ **-4**

【例】　　　$(-9)-(+1)=$

| 解きかた | $(-9)-(+1)$ |

たし算に直す↓ ↓符号をかえる

$=(-9)+(-1)=-(9+1)=$ **-10**

✋ 練習問題2

次の計算をしましょう。

(1) $(+8)-(+5)=$　(2) $(-11)-(-18)=$　(3) $(+16)-(-1)=$　(4) $(-5)-(+3)=$

解答

(1) $(+8)-(+5)$
たし算に直す↓ ↓符号をかえる
$=(+8)+(-5)=+(8-5)=\underline{+3}$

(2) $(-11)-(-18)$
たし算に直す↓ ↓符号をかえる
$=(-11)+(+18)=+(18-11)=\underline{+7}$

(3) $(+16)-(-1)$
たし算に直す↓ ↓符号をかえる
$=(+16)+(+1)=+(16+1)=\underline{+17}$

(4) $(-5)-(+3)$
たし算に直す↓ ↓符号をかえる
$=(-5)+(-3)=-(5+3)=\underline{-8}$

🕊 コレで完璧！ポイント

「-7-3」の2つの解きかた

この項目に出てきた計算には、どの数にもかっこがついていました。しかし、かっこがついていない次のような計算もよく出てきます。

【例】 $-7-3=$

この式には2つの解きかたがあります。

解きかた1

3は「+3」と同じです。だから、「-7から+3を引く」と考えます。つまり、次のように計算できます。

$-7-3=(-7)-(+3)$ ← -7から+3を引く

3は「+3」と同じ

$=(-7)+(-3)=-(7+3)=-10$

解きかた2

「-7-3」を、-7と-3に分けます。そして、「-7と-3の和を求める」と考えます。つまり、次のように計算できます。

$-7-3=(-7)+(-3)$ ← -7と-3に分けてたす

$=-(7+3)=-10$

どちらの解きかたもおさえておきましょう。

3　かけ算と割り算

ここが大切！

同じ符号のかけ算・割り算　⟶　答えが＋になる

違う符号のかけ算・割り算　⟶　答えが－になる

1　正負の数のかけ算

かけ算の答えを積といいます。

正負の数のかけ算は、次のように計算します。

> 同じ符号のかけ算（正×正、負×負）⟶ **絶対値の積に＋をつける**
>
> 違う符号のかけ算（正×負、負×正）⟶ **絶対値の積に－をつける**

例題1 次の計算をしましょう。

（1）$(+4) \times (+3) =$　　（2）$(-5) \times (-7) =$　　（3）$(+9) \times (-2) =$

解答

（1）と（2）は、同じ符号のかけ算なので、絶対値の積に＋をつけます。
（3）は、違う符号のかけ算なので、絶対値の積に－をつけます。

（1）$(+4) \times (+3) = +(4 \times 3) = +12 = \mathbf{12}$
正　　正
同じ符号　＋をつける　＋は外してもよい

（2）$(-5) \times (-7) = +(5 \times 7) = +35 = \mathbf{35}$
負　　負
同じ符号　＋をつける　＋は外してもよい

（3）$(+9) \times (-2) = -(9 \times 2) = \mathbf{-18}$
正　　負
違う符号　－をつける

コレで完璧！ポイント

かっこがいるとき、いらないとき

例題1（1）では、＋4は4と同じで、＋3は3と同じなので、次のように変形できます。

＋3は3と同じ
$(+4) \times (+3) = 4 \times 3 = \mathbf{12}$
＋4は4と同じ

例題1（2）のように、式のはじめに負の数がくるとき、(-5) のかっこを外すことができます。しかし、（2）の (-7) のかっこを外すことはできません。×－のように、記号を2つ続けて書くことはできないからです。

かっこは外せない（外すと×－となるから）
$(-5) \times (-7) = -5 \times (-7) = \mathbf{35}$
かっこを外せる

2 正負の数の割り算

割り算の答えを商といいます。正負の数の割り算は、次のように計算します。

> 同じ符号の割り算（正÷正、負÷負）→ **絶対値の商に ＋ をつける**
> 違う符号の割り算（正÷負、負÷正）→ **絶対値の商に － をつける**

【例題2】 次の計算をしましょう。

（1）$(+16) \div (+2) =$ （2）$(-56) \div (-8) =$ （3）$(+24) \div (-12) =$ （4）$(-33) \div (+3) =$

【解答】

（1）$(+16) \div (+2) = +(16 \div 2) = +8 = \mathbf{8}$
　　正　　正　　　　　　　　　　＋は外しても
　　同じ符号　　　＋ をつける　　よい

（2）$(-56) \div (-8) = +(56 \div 8) = +7 = \mathbf{7}$
　　負　　負　　　　　　　　　　＋は外しても
　　同じ符号　　　＋ をつける　　よい

（3）$(+24) \div (-12) = -(24 \div 12) = \mathbf{-2}$
　　正　　負
　　違う符号　　　－ をつける

（4）$(-33) \div (+3) = -(33 \div 3) = \mathbf{-11}$
　　負　　正
　　違う符号　　　－ をつける

3 正負の数のかけ算と割り算（小数と分数）

小数や分数も、同じように計算することができます。

練習問題

次の計算をしましょう。

（1）$(-2.8) \times (+0.7) =$ 　　（2）$\left(-\dfrac{15}{7}\right) \times \left(-\dfrac{28}{9}\right) =$

（3）$(-0.57) \div (-1.9) =$ 　　（4）$\left(+\dfrac{5}{12}\right) \div (-2.5) =$

解答

（1）$(-2.8) \times (+0.7) = -(2.8 \times 0.7) = -1.96$
　　負　　正
　　違う符号　　　－をつける

（2）$\left(-\dfrac{15}{7}\right) \times \left(-\dfrac{28}{9}\right) = +\left(\dfrac{\overset{5}{\cancel{15}}}{\cancel{7}_1} \times \dfrac{\overset{4}{\cancel{28}}}{\cancel{9}_3}\right) = +\dfrac{20}{3} = \dfrac{20}{3}$
　　負　　　　負
　　同じ符号　　　＋をつける

※中学数学では帯分数は使わないので、仮分数の$\dfrac{20}{3}$を答えにしましょう。

（3）$(-0.57) \div (-1.9) = +(0.57 \div 1.9) = +0.3 = 0.3$
　　負　　　負
　　同じ符号　　　＋をつける

（4）$\left(+\dfrac{5}{12}\right) \div (-2.5) = -\left(\dfrac{5}{12} \div \dfrac{\overset{5}{\cancel{25}}}{\cancel{10}_2}\right) = -\left(\dfrac{\overset{1}{\cancel{5}}}{\cancel{12}_6} \times \dfrac{\overset{1}{\cancel{2}}}{\cancel{5}_1}\right) = -\dfrac{1}{6}$
　　正　　　　負
　　違う符号　　　－をつける

※小数と分数のまじった計算は分数にそろえて計算しましょう。

4 かけ算と割り算だけの式

ここが
大切！　　**かけ算と割り算だけでできた式では、次のことが成り立ちます。**

負の数が
$$\begin{cases} \text{偶数個（2、4、6、…）なら答えは}+ \\ \text{奇数個（1、3、5、…）なら答えは}- \end{cases}$$

例題 ▶ 次の計算をしましょう。

（1）$-2 \times 6 \times (-5) =$ 　　　　　　（2）$-32 \div (-4) \div (-8) =$

（3）$5.8 \times (-0.8) \div (-2) =$ 　　　　（4）$-\dfrac{19}{6} \div 3.8 \times \left(-\dfrac{8}{9}\right) \div (-10) =$

解答 ▷

（1）　$-2 \times 6 \times (-5) = +(2 \times 6 \times 5) = $ **60**

　　　負の数が2個　　答えは＋
　　　（偶数個）

（2）　$-32 \div (-4) \div (-8) = -(32 \div 4 \div 8) = $ **−1**

　　　負の数が3個　　答えは−
　　　（奇数個）

（3）　$5.8 \times (-0.8) \div (-2) = +(5.8 \times 0.8 \div 2) = $ **2.32**

　　　負の数が2個　　答えは＋
　　　（偶数個）

（4）　$-\dfrac{19}{6} \div 3.8 \times \left(-\dfrac{8}{9}\right) \div (-10) = -\left(\dfrac{19}{6} \div \dfrac{\overset{19}{\cancel{38}}}{\underset{5}{10}} \times \dfrac{8}{9} \div \dfrac{10}{1}\right)$

　　　負の数が3個　　答えは−
　　　（奇数個）

$$= -\left(\dfrac{19}{\underset{3}{6}} \times \dfrac{\overset{1}{5}}{\underset{1}{19}} \times \dfrac{\overset{2}{8}}{9} \times \dfrac{1}{\underset{1}{10}}\right) = -\dfrac{2}{27}$$

✍ **練習問題**

次の計算をしましょう。

（1）$10 \times (-4) \times (-3) =$ 　　　　　（2）$-1.4 \times 5 \div 0.28 =$

（3）$-62 \times \left(-\dfrac{12}{35}\right) \div \left(-\dfrac{24}{49}\right) \div (-9.3) =$ 　　　（4）$-5 \times 0 \div \dfrac{2}{3} \times (-8.1) =$

解答

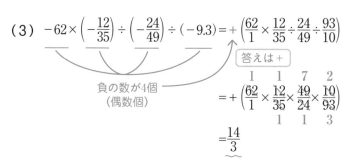

（1）　$10 \times (-4) \times (-3) = +(10 \times 4 \times 3) = 120$

負の数が2個（偶数個）　答えは＋

（2）　$-1.4 \times 5 \div 0.28 = -(1.4 \times 5 \div 0.28) = -25$

負の数が1個（奇数個）　答えは－

（3）　$-62 \times \left(-\dfrac{12}{35}\right) \div \left(-\dfrac{24}{49}\right) \div (-9.3) = +\left(\dfrac{62}{1} \times \dfrac{12}{35} \div \dfrac{24}{49} \div \dfrac{93}{10}\right)$

負の数が4個（偶数個）　答えは＋

$$= +\left(\dfrac{\overset{1}{\cancel{62}}}{1} \times \dfrac{\overset{1}{\cancel{12}}}{\cancel{35}} \times \dfrac{\overset{7}{\cancel{49}}}{\cancel{24}} \times \dfrac{\overset{2}{\cancel{10}}}{\cancel{93}}\right)$$

$$= \dfrac{14}{3}$$

（4）　$-5 \times 0 \div \dfrac{2}{3} \times (-8.1) = 0$

「×0」があるので答えは0になる

コレで完璧！ ポイント

0をふくむかけ算と割り算

練習問題（4）では、式に「×0」がふくまれるので、答えは0になりました。
なぜなら、0にある数をかけても、ある数に0をかけても、答えは0になるからです。

【例】 $0 \times (-5) = 0$　　$-2 \times 0 = 0$

一方、0をある数で割っても、答えは0になります。また、どんな数も0で割ることはできません。

【例】 $0 \div (-3) = 0$
　　　 $-7 \div 0 \rightarrow$ 計算できない

もっと知りたい 数学コラム　なぜ、数を0で割ることはできないの？

「どんな数も0で割ることはできない」のはなぜでしょうか。
まず、「0以外の数を0で割る場合」についてみてみましょう。
例えば、「$-7 \div 0$」について、この答えを□とすると、「$-7 \div 0 = □$」になりますね。そして、これをかけ算に直すと、「$0 \times □ = -7$」となります。「0にどんな数をかけても0になる」のですから、□にあてはまる数はありません。
では次に、0を0で割るとどうなるでしょうか。「$0 \div 0 = □$」をかけ算に直すと、「$0 \times □ = 0$」となり、□にはどんな数をあてはめても成り立ちます。答えが1つに決まらないのですね。
0以外の数と0を、それぞれ0で割る場合についてみましたが、上記の理由により、「どんな数も0で割ることはできない」のです。

5 累乗とは

ここが
大切！

-3^2、$(-3)^2$、$-(-3)^2$ の違いを見きわめよう！

1 累乗とは

同じ数をいくつかかけたものを、その数の累乗といいます。

例えば、

7×7 は、7^2 と表します（読みかたは「7の2乗」）。

$5 \times 5 \times 5$ は、5^3 と表します（読みかたは「5の3乗」）。

2乗のことを平方ともいいます。　　[例] 7^2 →7の平方

3乗のことを立方ともいいます。　　[例] 5^3 →5の立方

5^3 の右上に小さく書いた数の3を、指数といい、

かけた数の個数を表します。

$$\underline{5 \times 5 \times 5} = 5^{3} \text{ ←指数}$$
5を3個かける

例題1 ▷ 次の積を、累乗の指数を用いて表しましょう。

（1）$8 \times 8 \times 8 \times 8 \times 8=$　　（2）$(-2) \times (-2) \times (-2)=$　　（3）$9.5 \times 9.5=$　　（4）$\frac{4}{5} \times \frac{4}{5} \times \frac{4}{5}=$

解答

（1）　$8 \times 8 \times 8 \times 8 \times 8 = \underline{8^5}$　　　（2）　$(-2) \times (-2) \times (-2) = \underline{(-2)^3}$

（3）　$9.5 \times 9.5 = \underline{9.5^2}$　　　（4）　$\frac{4}{5} \times \frac{4}{5} \times \frac{4}{5} = \underline{\left(\frac{4}{5}\right)^3}$

コレで完璧！ ポイント

負の数と分数の累乗の表しかたに注意！

例題1 （２）では、答えのかっこを外して、
-2^3 とするのはまちがいです。
なぜなら、-2^3 だと、2だけを3個かけるという意味になってしまうからです。
$(-2)^3$ のようにかっこをつけると、-2を3個かけるという意味になります。

$$-2^3 = -(2 \times 2 \times 2) \leftarrow \text{2だけを3個かける}$$
$$(-2)^3 = (-2) \times (-2) \times (-2) \leftarrow \text{−2を3個かける}$$

例題1 （４）では、答えのかっこを外して$\frac{4^3}{5}$

とするのはまちがいです。なぜなら、$\frac{4^3}{5}$ だと、

分子の4だけを3個かけるという意味になってしまうからです。

$\left(\frac{4}{5}\right)^3$ のようにかっこをつけると、$\frac{4}{5}$を3個か

けるという意味になります。

$$\frac{4^3}{5} = \frac{4 \times 4 \times 4}{5} \leftarrow \text{分子の4だけを3個かける}$$
$$\left(\frac{4}{5}\right)^3 = \frac{4}{5} \times \frac{4}{5} \times \frac{4}{5} \leftarrow \frac{4}{5}\text{を3個かける}$$

このように、負の数や分数の累乗は、かっこをつけるかどうかで意味がかわるので注意しましょう。

2 累乗の計算

例題2 次の計算をしましょう。

（１）$-3^2=$　　　　　（２）$(-3)^2=$　　　　　（３）$-(-3)^2=$

解答

（１）$-3^2 = -(3 \times 3) = \underline{-9}$　　　-3^2は、3だけを2個かけるという意味です。

（２）$(-3)^2 = (-3) \times (-3) = \underline{9}$　　　$(-3)^2$は、-3を2個かけるという意味です。

（３）$-(-3)^2 = -\{(-3) \times (-3)\} = \underline{-9}$

練習問題

次の計算をしましょう。

（１）$-2^3 \times (-5) =$　　　（２）$(-6)^2 \times (-1^2) =$　　　（３）$9^2 \div (-3^3) =$

解答

※**累乗をふくむかけ算や割り算**では、まず累乗を計算して、次にかけ算と割り算を計算しましょう。

（１）$-2^3 \times (-5)$　累乗の計算を先にする
$2\times2\times2$
$= -8 \times (-5)$
$= 40 \leftarrow$ 負×負＝正

（２）$(-6)^2 \times (-1^2)$　累乗の計算を先にする
$(-6)\times(-6)$　1×1
$= 36 \times (-1)$
$= -36 \leftarrow$ 正×負＝負

（３）$9^2 \div (-3^3)$　累乗の計算を先にする
9×9　$3\times3\times3$
$= 81 \div (-27)$
$= -3 \leftarrow$ 正÷負＝負

6 四則のまじった計算

ここが
大切！
次の順に計算しよう！
累乗、かっこの中　→　かけ算、割り算　→　たし算、引き算

たし算、引き算、かけ算、割り算をまとめて、四則といいます。
四則のまじった計算では、上の ここが大切！ の順で計算するようにしましょう。

例題 次の計算をしましょう。

（1）$-8+4\times(-3)=$　　　（2）$12\div(-6+9)=$　　　（3）$5+(24-3^3)\times6=$

解答

（1）　　$-8+4\times(-3)$
　　　　　　　　↓　　　　　）先にかけ算
　　$=-8+(-12)$
　　　　　　　　　　　　　）たし算
　　$=-20$

（2）　　$12\div(-6+9)$
　　　　　　　　　↓　　　　）先にかっこの中
　　　$=12\div3$
　　　　　　　　　　　　　　）割り算
　　　$=4$

（3）　　$5+(24-3^3)\times6$
　　　　　　　　　　　　　　）累乗　$3^3=3\times3\times3=27$
　　$=5+(24-27)\times6$
　　　　　　　　　　　　　　）かっこの中　$24-27=-3$
　　$=5+(-3)\times6$
　　　　　　　　　　　　　　）かけ算　$(-3)\times6=-18$
　　$=5+(-18)$
　　　　　　　　　　　　　　）たし算
　　$=-13$

 コレで完璧！ ポイント

計算の順に注意しよう！
四則のまじった計算では、左から順に計算すると、まちがうことがあります。
例えば、 **例題** （1）で左から順に計算すると、次のようにまちがった答えが求められてしまいます。

$-8+4\times(-3)$
$=-4\times(-3)=12$ ←左から順に計算するとまちがい！

四則のまじった計算では、「累乗、かっこの中　→　かけ算、割り算　→　たし算、引き算」の順に計算するようにしましょう。

練習問題

次の計算をしましょう。

（1）$-6 \times 5 - 30 \div (-10) =$　　　　（2）$(-11+15) \times (5-7) =$

（3）$-50 \div \{-35 \div (11-18)\} =$　　　（4）$-2^5 - 1.5 \times (-4^2+6) =$

解答

（1）
$-6 \times 5 - 30 \div (-10)$　かけ算と割り算を先に計算

$= -30 - (-3)$

$= -30 + 3$　たし算

$= -27$

（2）
$(-11+15) \times (5-7)$　かっこの中を先に計算

$= 4 \times (-2)$　かけ算

$= -8$

（3）中かっこ $\{\ \}$ のある計算では、小かっこ $(\ )$ の中を先に計算してから、中かっこ $\{\ \}$ の中を計算しましょう。

$-50 \div \{-35 \div (11-18)\}$　$(\ )$ の中を計算

$= -50 \div \{-35 \div (-7)\}$　$\{\ \}$ の中を計算

$= -50 \div 5$

$= -10$　割り算

（4）
$-2^5 - 1.5 \times (-4^2+6)$　累乗を計算
　　$2 \times 2 \times 2 \times 2 \times 2$　　4×4

$= -32 - 1.5 \times (-16+6)$　かっこの中を計算

$= -32 - 1.5 \times (-10)$　かけ算

$= -32 + 15$　たし算

$= -17$

7 素因数分解とは
（そいんすうぶんかい）

ここが
大切！

素数で順々に割って素因数分解しよう！
（そすう）（そいんすうぶんかい）

1 素数とは

例えば、2の約数は、1と2だけです。また、5の約数は、1と5だけです。

2や5のように、**1とその数自身しか約数がない数**を素数といいます。
（そすう）

言いかえると、**約数が2つだけの数**が素数であるということもできます。

1は、約数が1つしかないので、素数ではありません。

例えば、1から20までで、素数は、2、3、5、7、11、13、17、19の8つです。

2 素因数分解とは

自然数を素数だけの積に表すことを、素因数分解といいます。
（そいんすうぶんかい）

※素因数分解は、もともと中学3年生の範囲でしたが、新しい学習指導要領では1年生で習うことになりました。

例えば15なら、15＝**3×5**というように、素数だけの積に表すことができます。これが素因数分解です。

例題 90を素因数分解しましょう。

解答 次の手順で、素因数分解していきましょう。

①90を割り切れる素数を探します。90は、**素数の2**で割り切れるので、右のように90を2で割りましょう。

$$2\overline{)90}$$
$$45 \leftarrow 90÷2の答え$$

②45を割り切れる素数を探します。45は、**素数の3**で割り切れるので、右のように45を3で割りましょう。

$$2\overline{)90}$$
$$3\overline{)45}$$
$$15 \leftarrow 45÷3の答え$$

③15を割り切れる素数を探します。15は、素数の3で割り切れるので、右のように15を3で割りましょう。商（割り算の答え）の5は素数なので、ここで割るのをストップします。このように、商に素数が出てきたら割るのをストップしましょう。

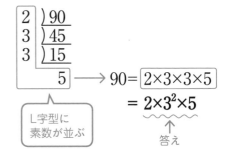

2 ⟌90
3 ⟌45
3 ⟌15
　　　5 ←15÷3の答え

5は素数なので、ここでストップ！

④これで、元の数90を、L字型に並んだ素数の積に分解できました。つまり、90を素因数分解することができたということです。

2 ⟌90
3 ⟌45
3 ⟌15
　　　5 → 90 = $2×3×3×5$
　　　　　　 = $2×3^2×5$
　　　　　　　　　↑
　　　　　　　　　答え

L字型に素数が並ぶ

 コレで完璧！ ポイント

どんな順で割っても答えは同じになる！

例題 の解説では、90を素因数分解するのに、2、3、3、5と小さい素数から順に割っていきました。

しかし、次のように、違う順で割っても答えは同じになります。

5 ⟌90
3 ⟌18
2 ⟌ 6
　　　3 → 90 = $5×3×2×3$
　　　　　 = $2×3^2×5$ ←答えは同じになる！

つまり、どんな順で割っても答えは同じになるのです。

ただし、小さい素数から順に割っていったほうが、割れる素数を探しやすいので、できるだけ小さい順に割っていきましょう。

※今回習った「素因数分解」と、PART 8で習う「因数分解
すうぶんかい
」は別のものなので混同しないように注意しましょう。

✍ **練習問題**

次の数を素因数分解しましょう。

（1）108　　　　　（2）560

解答

（1）
2 ⟌108
2 ⟌ 54
3 ⟌ 27
3 ⟌ 9
　　　3 → 108 = $2×2×3×3×3$
　　　　　　 = $2^2×3^3$

（2）
2 ⟌560
2 ⟌280
2 ⟌140
2 ⟌ 70
5 ⟌ 35
　　　7 → 560 = $2×2×2×2×5×7$
　　　　　　 = $2^4×5×7$

1 文字式の表しかた

ここが
大切！

文字式の積と商の表しかたの**ルール**を知ろう！

1 積の表しかた

文字を使った式のことを、**文字式** (もじしき) といいます。

文字式を使った積（かけ算の答え）の表しかたには、次の5つのルールがあります。

[ルール1]

文字のまじったかけ算では、記号×を省く

$$x \times y = \underline{xy} \quad \times を省く$$

[ルール2]

文字どうしの積は、**アルファベット順**に並べることが多い $\quad c \times b \times a = \underline{abc}$

アルファベット順

[ルール3]

数と文字の積では、「数＋文字」の順に書く

$$a \times 8 = \underline{8a}$$

「数＋文字」の順($a8$はまちがい)

[ルール4]

同じ文字の積は、**累乗の指数**を用いて表す

$yを3個かける$

$$a \times a \times 3 = 3\underline{a}^2 \qquad x \times x \times y \times y \times y = \underline{x^2 y^3}$$

$aを2個かける$ $\qquad xを2個かける$

[ルール5]

1と文字の積は、1を省く。−1と文字の積は、−だけを書いて1を省く

$$1 \times a = \underline{a} \qquad 1を省く（1aはまちがい）$$

$$-1 \times x = \underline{-x} \qquad 1を省く（−1xはまちがい）$$

 コレで完璧！ ポイント

0.1や0.01の1は、省かない！

[ルール5] は、「1と文字の積は、1を省く。
−1と文字の積は、−だけを書いて1を省く」
というきまりでした。
ただし、0.1や0.01の1は、省かないので、
注意しましょう。

$$0.1 \times a = \underline{0.1a}$$

0.1の1は省かない（0.aはまちがい）

$$0.01 \times y = \underline{0.01y}$$

0.01の1は省かない（0.0yはまちがい）

例題1 次の式を、文字式の表しかたにしたがって表しましょう。

（1） $c \times a \times 2 \times b =$

（2） $1 \times y \times x =$

（3） $b \times 0.1 \times b =$

（4） $x \times y \times x \times (-1) =$

（5） $-0.01 \times b \times a \times a \times b =$

解答

（1） $c \times a \times 2 \times b = \underset{\substack{\uparrow \\ 数＋文字（アルファベット順）}}{2abc}$

（2） $1 \times y \times x = \underset{\substack{\uparrow \\ 1は省く（1xyはまちがい）}}{xy}$

（3） $b \times 0.1 \times b = \underset{\substack{\uparrow \\ 0.1の1は省かない（0.b^2はまちがい）}}{0.1b^2}$

（4） $x \times y \times x \times (-1) = \underset{\substack{\uparrow \\ 1は省く（-1x^2yはまちがい）}}{-x^2y}$

（5） $-0.01 \times b \times a \times a \times b = \underset{\substack{\uparrow \\ 0.01の1は省かない（-0.0a^2b^2はまちがい）}}{-0.01a^2b^2}$

2 商の表しかた

文字式を使って商（割り算の答え）を表すときは、記号÷を使わずに、
分数の形で書くようにしましょう。右の公式を利用します。

例題2 次の式を、文字式の表しかたにしたがって表しましょう。

（1） $a \div 5 =$

（2） $4x \div 7 =$

（3） $-5b \div 2 =$

（4） $3y \div (-4) =$

解答

（1） $a \div 5 = \dfrac{a}{5}$　← $\square \div \bigcirc = \dfrac{\square}{\bigcirc}$ を利用

（2） $4x \div 7 = \dfrac{4x}{7}$（または $\dfrac{4}{7}x$）

（3） $-5b \div 2 = \dfrac{-5b}{2} = -\dfrac{5b}{2}$（または $-\dfrac{5}{2}b$）

－を分数の前に出す

（4） $3y \div (-4) = \dfrac{3y}{-4} = -\dfrac{3y}{4}$（または $-\dfrac{3}{4}y$）

－を分数の前に出す

※ （3）（4）のような $\dfrac{-\square}{\bigcirc}$ や $\dfrac{\square}{-\bigcirc}$ という形は、－を分数の前に出して、$-\dfrac{\square}{\bigcirc}$ の形に直して答えにしましょう。

例題 の解きかたを理解したら、解答をかくして、自力で解いてみましょう。

2 単項式、多項式、次数

ここが
大切！
「単項式の次数」と**「多項式の次数」**の意味の違いをおさえよう！

1 単項式と多項式

$3a$、$-5x^2$のように、**数や文字のかけ算だけでできている式**を、単項式といいます。
yや-2など、**1つだけの文字や数も単項式にふくめます。**
$3a$の3や、$-5x^2$の-5のように、**文字をふくむ単項式の数の部分**を係数といいます。

一方、$3a+4b+8$のように、**単項式の和の形で表された式**を、多項式といいます。
多項式で、＋で結ばれたひとつひとつの単項式を、多項式の項といいます。

> 単項式の例→ $3a$、$-5x^2$、y、-2
> 　　　　　　　↑　　↑
> 　　　　　3は係数　-5は係数

> 多項式の例→ $3a+4b+8$
> 　　　　　　　↑　↑　↑
> 　　　　　　　項　項　項

例題1 次の多項式の項と係数を答えましょう。

（1）$3x+5$ 　　　　（2）$-2a-b+1$ 　　　　（3）x^2y+5y

解答

（1）$3x+5$
　　　↑　↑
　　　項　項

　　　　　　項は$3x$、5
　　　　答え xの係数は3

（2）$-2a-b+1=-2a+(-b)+1$
　　　　　　　　　　↑　　↑　↑
　　　　　　　　　　項　　項　項
　　　単項式の和の形にして考える

　　　　　項は$-2a$、$-b$、1
　　　答え aの係数は-2、bの係数は-1

（3）x^2y+5y
　　　↑　↑
　　　項　項

　　　　　　項はx^2y、$5y$
　　　　答え x^2yの係数は1、yの係数は5

2 単項式の次数

単項式では、**かけ合わされている文字の個数**を、その式の**次数**といいます。

例えば、**単項式$3ab$**は、aとbの**2**つの文字がかけ合わされているので、**次数は2**です。

また、**単項式$5x^2y$**は、xとxとyの**3**つの文字がかけ合わされているので、**次数は3**です。

PART **2** 文字式

$$3ab=3\times \underset{\uparrow}{a} \times \underset{\uparrow}{b}$$
文字が2つ→次数は2

$$5x^2y=5\times \underset{\uparrow}{x} \times \underset{\uparrow}{x} \times \underset{\uparrow}{y}$$
文字が3つ→次数は3

3 多項式の次数

多項式では、**それぞれの項の次数のうち、もっとも大きいもの**を、その式の**次数**といいます。
次数が1の式を**1次式**、**次数が2の式**を**2次式**、**次数が3の式**を**3次式**、…といいます。

例えば、多項式 $x^2-5x+6y$ が、何次式か調べてみましょう。この多項式の項のうち、**項の次数がもっとも大きい**のはx^2の**2**です。だから、この多項式は、**2次式**だとわかります。

$$x^2-5x+6y=\underset{\uparrow}{x^2}+\underset{\uparrow}{(-5x)}+\underset{\uparrow}{6y}$$
次数2　次数1　次数1
もっとも大きい→2次式

例題2 次の多項式は何次式ですか。

（1）$-2a+b$ 　　　　（2）$x^2y+3xy^2-7y^2$ 　　　　（3）$a^3b^2-b^4$

解答

（1）$\underset{\uparrow}{-2a}+\underset{\uparrow}{b}$ 　　答え　**1次式**
次数1　次数1
どちらも次数が1なので、1次式

（2）$x^2y+3xy^2-7y^2=\underset{\uparrow}{x^2y}+\underset{\uparrow}{3xy^2}+\underset{\uparrow}{(-7y^2)}$ 　　答え　**3次式**
次数3　次数3　次数2
もっとも大きい→3次式

（3）$a^3b^2-b^4=\underset{\uparrow}{a^3b^2}+\underset{\uparrow}{(-b^4)}$ 　　答え　**5次式**
次数5　次数4
もっとも大きい→5次式

コレで完璧！ ポイント

「単項式の次数」と「多項式の次数」の意味の違いとは？

単項式では、**かけ合わされている文字の個数**を、その式の次数といいます。

多項式では、**それぞれの項の次数のうち、もっとも大きいもの**を、その式の次数といいます。その違いをおさえましょう。

単項式の例→ $2xy^2=2\times \underset{\uparrow}{x}\times \underset{\uparrow}{y}\times \underset{\uparrow}{y}$
文字が3つ→次数は3

多項式の例→ $3x^2+\underset{\uparrow}{2y}+1$
　　　　　　　$\underset{\uparrow}{}$
次数2　次数1
もっとも大きい→2次式

3 多項式のたし算と引き算

ここが
大切！
**多項式の引き算は、
かっこを外すときにミスしやすいので注意しよう！**

1 同類項をまとめる

多項式で、文字の部分が同じ項を、同類項といいます。 ^{どうるいこう} 例えば、$3x$ と $4x$ は、文字 x の部分が同じなので同類項です。

同類項は、次の公式を使って、1つの項にまとめられます。

同類項をまとめる公式

$$\bigcirc x + \square x = (\bigcirc + \square) x \qquad\qquad \bigcirc x - \square x = (\bigcirc - \square) x$$

[例] $3x + 4x = (3+4)x = \underline{7x}$ **[例]** $2x - 5x = (2-5)x = \underline{-3x}$

✋ 練習問題1

次の計算をしましょう。

（1）$6x + 5x =$

（2）$-2a - a =$

（3）$8a - b + 15a + 2b =$

（4）$-x^2 - 9 - 4x - 7x^2 + 10x - 7 =$

解答

（1） $6x + 5x$
$= (6+5)x$ $\bigcirc x + \square x = (\bigcirc + \square)x$を利用
$= \underline{11x}$

（2） $-2a - a$
$= (-2-1)a$ $\bigcirc x - \square x = (\bigcirc - \square)x$を利用（$-a$の係数は -1）
$= \underline{-3a}$

（3） $8a - b + 15a + 2b$ aの同類項とbの同類項を分ける
$= 8a + 15a - b + 2b$ 同類項をまとめる
$= (8+15)a + (-1+2)b$
$= \underline{23a + b}$

（4） $-x^2 - 9 - 4x - 7x^2 + 10x - 7$ 同類項を分ける
$= -x^2 - 7x^2 - 4x + 10x - 9 - 7$ 同類項をまとめる
$= (-1-7)x^2 + (-4+10)x - 16$
$= \underline{-8x^2 + 6x - 16}$ ← $-8x^2$と$6x$は次数が違うので、1つの項にまとめられない

2 多項式のたし算と引き算

多項式のたし算は、かっこをそのまま外して、同類項をまとめます。

[例]

① $(2x+3y)+(5x-7y)$ ← かっこをそのまま外す

$=2x+3y+5x-7y$

$=(2+5)x+(3-7)y$ ← 同類項をまとめる

$=\boldsymbol{7x-4y}$

多項式の引き算は、次の2ステップで計算します。

❶ －の後のかっこの中のそれぞれの項の符号（＋と－）をかえて、かっこを外す

❷ 同類項をまとめる

－の後のかっこ

② $(6x-5y)-(4x+3y)$

> 注意！
> かっこを外すと符号がかわる

$=6x-5y-4x-3y$ ← 同類項をまとめる

$=(6-4)x+(-5-3)y$

$=\boldsymbol{2x-8y}$

🕊 コレで完璧！ ポイント

多項式の引き算はケアレスミスに注意！

多項式のたし算は、かっこをそのまま外して、同類項をまとめるだけなのでかんたんです。

一方、多項式の引き算は、－の後のかっこの中のそれぞれの項の符号（＋と－）をかえて、かっこを外す必要があります。符号をかえずに計算するというミスをしてしまいがちなので注意しましょう。

まちがった解きかた
$(6x-5y)-(4x+3y) \rightarrow 6x-5y-4x+3y$
×符号をかえないのはまちがい！

正しい解きかた
$(6x-5y)-(4x+3y)=6x-5y-4x-3y$
○符号をかえるのが正しい

✍ 練習問題2

次の計算をしましょう。

（1） $(-x-2y)+(15x+5y)=$

（2） $(7a+3b)-(a-5b)=$

解答

（1） $(-x-2y)+(15x+5y)$ ← かっこを外す

$=-x-2y+15x+5y$ ← 同類項をまとめる

$=(-1+15)x+(-2+5)y$

$=\underline{14x+3y}$

（2） $(7a+3b)-(a-5b)$ ← かっこを外すと符号がかわる

$=7a+3b-a+5b$ ← 同類項をまとめる

$=(7-1)a+(3+5)b$

$=\underline{6a+8b}$

4 単項式のかけ算と割り算

ここが
大切！
$\frac{5}{4}x$ の逆数は $\frac{4}{5}x$ ではなく、$\frac{4}{5x}$ であることをおさえよう！

1 単項式×数、単項式÷数

単項式×数は、単項式をかけ算に分解し、数どうしをかけて求めましょう。

【例】 ① $2x \times 3$ 　　単項式をかけ算に分解
　　　 $= 2 \times x \times 3$ 　並べかえる
　　　 $= 2 \times 3 \times x$
　　　 $= 6x$

② $-6a \times \left(-\frac{5}{3}\right)$ 　単項式をかけ算に分解
　 $= -6 \times a \times \left(-\frac{5}{3}\right)$ 　並べかえて約分する
　 $= -\overset{2}{6} \times \left(-\frac{5}{3}\right) \times a$
　 $= 10a$

単項式÷数は、割り算をかけ算に直して求めましょう。

【例】 ③ $9a \div (-3)$ 　割り算をかけ算に直す
　　　 $= 9a \times \left(-\frac{1}{3}\right)$ 　並べかえて約分する
　　　 $= \overset{3}{9} \times \left(-\frac{1}{3}\right) \times a$
　　　 $= -3a$

✍ 練習問題

次の計算をしましょう。

（1）$3a \times 8 =$

（2）$-5x \times (-8) =$

（3）$\frac{1}{3}n \times (-9) =$

（4）$21x \div 3 =$

解答

（1）　$3a \times 8$ 　　$3a$を$3 \times a$に分解して
　　　 $= 3 \times 8 \times a$ 　並べかえる
　　　 $= 24a$

（2）　$-5x \times (-8)$ 　$-5x$を$-5 \times x$に分解して
　　　 $= -5 \times (-8) \times x$ 　並べかえる
　　　 $= 40x$

（3）　$\frac{1}{3}n \times (-9)$ 　並べかえて約分する
　　　 $= \frac{1}{3} \times (-\overset{3}{9}) \times n$
　　　 $= -3n$

（4）　$21x \div 3$ 　　割り算をかけ算に直す
　　　 $= 21x \times \frac{1}{3}$ 　並べかえて約分する
　　　 $= \overset{7}{21} \times \frac{1}{3} \times x$
　　　 $= 7x$

2 単項式×単項式、単項式÷単項式

単項式×単項式は、単項式をかけ算に分解し、数どうし、文字どうしをかけて求めましょう。

【例】 ① $3x \times 7y$

$= 3 \times x \times 7 \times y$ ← かけ算に分解

$= 3 \times 7 \times x \times y$ ← 並べかえる

$= 21xy$ ← 数どうし、文字どうしをかける

② $-5a \times 6a^2$

$= -5 \times a \times 6 \times a \times a$ ← かけ算に分解

$= -5 \times 6 \times a \times a \times a$ ← 並べかえる

$= -30a^3$ ← 数どうし、文字どうしをかける

③ $(-3y)^2$

$= (-3y) \times (-3y)$ ← かけ算に直す

$= (-3) \times (-3) \times y \times y$ ← 分解して、並べかえる

$= 9y^2$ ← 数どうし、文字どうしをかける

単項式÷単項式は、数どうし、文字どうしを約分できるときは約分して求めましょう。

【例】 ④ $10ab \div (-2b)$

$= -\dfrac{10ab}{2b}$ ← $\square \div \bigcirc = \dfrac{\square}{\bigcirc}$ を利用

$= -\dfrac{\overset{5}{\cancel{10}} \times a \times \cancel{b}}{\underset{1}{\cancel{2}} \times \cancel{b}_1}$ ← かけ算に分解して、数どうし、文字どうしを約分

$= -5a$

⑤ $\dfrac{3}{8}xy \div \dfrac{5}{4}x$

$= \dfrac{3xy}{8} \div \dfrac{5x}{4}$ ← 文字を分子に移す

$= \dfrac{3xy}{8} \times \dfrac{4}{5x}$ ← 割り算をかけ算に直す

$= \dfrac{3 \times \cancel{x} \times y \times \overset{1}{\cancel{4}}}{\underset{2}{\cancel{8}} \times 5 \times \cancel{x}_1}$ ← かけ算に分解して、数どうし、文字どうしを約分

$= \dfrac{3}{10}y \left(\text{または} \dfrac{3y}{10}\right)$

解きかたがわかったら、上の①〜⑤の途中式をかくして解いてみましょう。

コレで完璧！ ポイント

$\dfrac{5}{4}x$ の逆数は $\dfrac{4}{5}x$ ？　それとも $\dfrac{4}{5x}$ ？

逆数とは、ざっくりいうと「分母と分子をひっくり返した数」のことです（下の※を参照）。

上の【例】⑤で、$\dfrac{5}{4}x$ の逆数は $\dfrac{4}{5}x$ ではありません。

$\dfrac{5}{4}x$ の逆数を $\dfrac{4}{5}x$ とするミスをしてしまいがちなので注意しましょう。

$\dfrac{5}{4}x = \dfrac{5x}{4}$ なので、$\dfrac{5}{4}x$ の逆数は $\dfrac{4}{5x}$ です。

$\boxed{\dfrac{5}{4}x \text{ の逆数}} \longrightarrow \dfrac{4}{5}x \text{ とするのは×}$

$\downarrow$

$\dfrac{5}{4}x = \dfrac{5x}{4}$ だから、逆数は $\dfrac{4}{5x}$ （正しい）

※2つの数の積が1になるとき、一方の数をもう一方の数の逆数といいます。これが、逆数の本当の意味です。

5 多項式と数のかけ算と割り算

ここが
大切！

多項式×数、多項式÷数は、分配法則（ぶんぱい）を使って計算しよう！

1 多項式と数のかけ算と割り算

多項式と数のかけ算は、**分配法則**を使って
計算しましょう。
分配法則とは、右のような法則です。

> どちらにもaをかける　　　　どちらにもaをかける
> $$a(b+c)=ab+ac \qquad (b+c)\times a=ab+ac$$

【例1】

① どちらにも3をかける
$$3(2x+5y)=3\times 2x+3\times 5y$$
$$=6x+15y$$

② どちらにも-2をかける
$$(4a-7b)\times(-2)=4a\times(-2)+(-7b)\times(-2)$$
$$=-8a+14b$$

多項式と数の割り算は、右の **【例2】**
のように**割り算をかけ算に直して**か
ら、**分配法則**を使って計算しましょ
う。

【例2】
$$(15x+20)\div 5$$
割り算をかけ算に直す
$$=(15x+20)\times\frac{1}{5}$$
分配法則を使う
$$=15x\times\frac{1}{5}+20\times\frac{1}{5}$$
$$=3x+4$$

✍ 練習問題

次の計算をしましょう。

（1）$-5(2x-3)=$　　　　（2）$(-3a^2-6a-15)\times\left(-\frac{2}{3}\right)=$　　　　（3）$(-x+2y)\div\frac{1}{6}=$

解答

（1）どちらにも-5をかける
$$-5(2x-3)$$
$$=-5\times 2x+(-5)\times(-3)$$
$$=-10x+15$$

（2）どれにも$-\frac{2}{3}$をかける
$$(-3a^2-6a-15)\times\left(-\frac{2}{3}\right)$$
$$=-3a^2\times\left(-\frac{2}{3}\right)+(-6a)\times\left(-\frac{2}{3}\right)$$
$$+(-15)\times\left(-\frac{2}{3}\right)$$
$$=2a^2+4a+10$$

（3）$(-x+2y)\div\frac{1}{6}$
割り算をかけ算に直す
$$=(-x+2y)\times 6$$
分配法則を使う
$$=-x\times 6+2y\times 6$$
$$=-6x+12y$$

2 多項式と数のかけ算の応用

例題 次の計算をしましょう。

（1）$2(a-7)+4(2a+1)=$ 　　（2）$6(2x+y)-3(2x-9y)=$ 　　（3）$\dfrac{3a-1}{2}-\dfrac{a+2}{3}=$

解答

2をどちらにも
かける

4をどちらにも
かける

（1）　$2(a-7)+4(2a+1)$

$=2a-14+8a+4$　同類項を
まとめる

$=(2+8)a-14+4$

$=\underline{\underline{10a-10}}$

6をどちらにも
かける

-3をどちらにも
かける

（2）　$6(2x+y)-3(2x-9y)$

$(-3)\times(-9)$
$=+27$なので
符号がかわる

$=12x+6y-6x+27y$　同類項を
まとめる

$=(12-6)x+(6+27)y$

$=\underline{\underline{6x+33y}}$

（3）

[第1式]　$\dfrac{3a-1}{2}-\dfrac{a+2}{3}$　通分する

[第2式]　$=\dfrac{3(3a-1)-2(a+2)}{6}$

符号が
かわる

分配法則を使う

[第3式]　$=\dfrac{9a-3-2a-4}{6}$

同類項をまとめる

$=\underline{\underline{\dfrac{7a-7}{6}}}$

例題 の解きかたを理解したら、解答をかくして、自力で解いてみましょう。

🕊 **コレで完璧！ ポイント**

慣れるまでは途中式を省かずに！

上の **例題** （3）のように通分が必要な問題で、
ミスする生徒が多いので注意しましょう。
[第2式]を省いて、[第1式]から[第3式]
を直接みちびこうとして、右のようにまちがっ
てしまう場合が多いのです。

慣れるまでは[第2式]を省かず、ていねい
に途中式を書いて解くようにしましょう。

[ミスの例]

$\dfrac{3a-1}{2}-\dfrac{a+2}{3}$

$=\dfrac{9a-3-2a+4}{6}$ ↑

実際はマイナスなのでまちがい
（途中式を省くとミスしやすい）

6 代入（だいにゅう）とは

ここが
大切！

式をかんたんにしてから、数を代入（だいにゅう）しよう！

式の中の文字を数におきかえることを代入（だいにゅう）するといいます。
代入して計算した結果を式の値（あたい）といいます。

例題1 $x = -5$のとき、次の式の値を求めましょう。

(1) $2x+7$　　　(2) $3-5x$　　　(3) x^2　　　(4) $\dfrac{15}{x}$

解答

(1) $2x+7$　（xに-5を代入する（おきかえる））
$=2\times(-5)+7$
$=-10+7=\mathbf{-3}$
式の値
（代入して
計算した結果）

(2) $3-5x$　（xに-5を代入する）
$=3-5\times(-5)$
$=3+25=\mathbf{28}$

(3) x^2　（xに-5を代入する）
$=(-5)^2$
$=(-5)\times(-5)=\mathbf{25}$

(4) $\dfrac{15}{x}$　（xに-5を代入する）
$=\dfrac{15}{-5}$
$=\mathbf{-3}$

例題2 $a = -2$、$b = 3$のとき、次の式の値を求めましょう。

(1) $-6a-2b$　　　(2) $3ab^2$　　　(3) $9(a+2b)-7(2a+3b)$

解答

(1) $-6a-2b$　（$a=-2, b=3$を代入）
$=-6\times(-2)-2\times3$
$=12-6=\mathbf{6}$

(2) $3ab^2$　（$a=-2, b=3$を代入）
$=3\times(-2)\times3^2$　（$3^2=9$）
$=3\times(-2)\times9$
$=\mathbf{-54}$

(3) **式をかんたんにしてから代入します。**

$9(a+2b)-7(2a+3b)$
分配法則を使う
$=9a+18b-14a-21b$
$=-5a-3b$　（同類項をまとめる）
$a=-2, b=3$を代入
$=-5\times(-2)-3\times3$
$=10-9=\mathbf{1}$

コレで完璧！ ポイント

PART **2**

文字式

今まで習った文字式の計算の復習もかねて、次の問題を解いてみましょう。問題のレベルは難しめなので、この3問を解けるようになったら、ここまでの内容は自信をもってよいでしょう。

練習問題（応用編）

$x=5$、$y=-3$のとき、次の式の値を求めましょう。

（1） $-2(-x+2y)-3(-2x-5y)$　　　（2） $-x^2y^3\div3xy$　　　（3） $(x^2-3xy)\div\dfrac{1}{4}x$

※（3）の計算は、「多項式÷単項式」の計算（3年生の範囲）です。今までに習ってきたことを組み合わせれば解くことができます。

解答

（1）～（3）はどれも、**式をかんたんにしてから数を代入**しましょう。

（1）
$$-2(-x+2y)-3(-2x-5y)$$
分配法則を使う
$$=2x-4y+6x+15y$$
同類項をまとめる
$$=8x+11y$$
$x=5$、$y=-3$を代入
$$=8\times5+11\times(-3)$$
$$=40-33=7$$

（2）
$$-x^2y^3\div3xy$$
$$=-\frac{x^2y^3}{3xy}$$
$\square\div\bigcirc=\dfrac{\square}{\bigcirc}$
かけ算に分解して約分
$$=-\frac{\overset{1}{\cancel{x}}\times x\times\overset{1}{\cancel{y}}\times y\times y}{3\times\underset{1}{\cancel{x}}\times\underset{1}{\cancel{y}}}$$
$$=-\frac{x\times y\times y}{3}$$
$x=5$、$y=-3$を代入して約分
$$=-\frac{5\times\overset{-1}{\cancel{(-3)}}\times(-3)}{\underset{1}{\cancel{3}}}$$
$$=-15$$

（3）
$$(x^2-3xy)\div\frac{1}{4}x$$
$\dfrac{1}{4}x=\dfrac{x}{4}$
$$=(x^2-3xy)\div\frac{x}{4}$$
割り算をかけ算に直す
$$=(x^2-3xy)\times\frac{4}{x}$$
分配法則を使う
$$=x^2\times\frac{4}{x}-3xy\times\frac{4}{x}$$
かけ算に分解して約分
$$=\frac{\overset{1}{\cancel{x}}\times x\times4}{\underset{1}{\cancel{x}}}-\frac{3\times\overset{1}{\cancel{x}}\times y\times4}{\underset{1}{\cancel{x}}}$$
$$=4x-12y$$
$x=5$、$y=-3$を代入
$$=4\times5-12\times(-3)$$
$$=20+36=56$$

7 乗法公式 じょうほう 1

次の２つの公式をおさえよう！
$$(a+b)(c+d)=ac+ad+bc+bd$$
$$(x+a)(x+b)=x^2+(a+b)x+ab$$

1 多項式×多項式

多項式 $(a+b)$ と多項式 $(c+d)$ をかけるとき、
×を省いて、$(a+b)(c+d)$ のように表します。
$(a+b)(c+d)$ は、右の順で計算しましょう。

$$(a+b)(c+d)=ac+ad+bc+bd$$

このように、**単項式や多項式のかけ算の式を、かっこを外して単項式のたし算の形に表す**ことを、はじめの式を展開するといいます。

例題1 次の式を展開しましょう。

（1）$(a+3)(b-5)$　　　　　　（2）$(2x-1)(3x-4)$

解答

（1）
$$(a+3)(b-5)=ab-5a+3b-15$$

（2）$(2x-1)(3x-4)$
$$=6x^2-8x-3x+4$$
同類項をまとめる（②と③）
$$=6x^2-11x+4$$

練習問題1

次の式を展開しましょう。

（1）$(a+2b)(4c+3d)$　　　　　（2）$(6x-5y)(2x-3y)$

解答

（1）$(a+2b)(4c+3d)=4ac+3ad+8bc+6bd$

（2）$(6x-5y)(2x-3y)$
$$=12x^2-18xy-10xy+15y^2$$
同類項をまとめる
$$=12x^2-28xy+15y^2$$

2 乗法公式 その1

式を展開するときの代表的な公式を、**乗法公式**といいます。この本では、4つの公式を紹介しますが、その1つが右の公式です。

$$(x+a)(x+b) = x^2 + \underset{\substack{a\,と\,b\,の \\ 和}}{(a+b)}x + \underset{\substack{a\,と\,b\,の \\ 積}}{ab}$$

例題2 次の式を展開しましょう。

(1) $(x+6)(x+2)$

(2) $(a-3)(a+11)$

解答

(1) $(x+6)(x+2) = x^2 + \underset{\text{6と2の和}}{(6+2)}x + \underset{\text{6と2の積}}{6\times2}$

$$= x^2 + 8x + 12$$

(2) $(a-3)(a+11) = a^2 + \underset{\text{-3と11の和}}{(-3+11)}a + \underset{\text{-3と11の積}}{(-3)\times11}$

$$= a^2 + 8a - 33$$

✎ 練習問題2

次の式を展開しましょう。

(1) $(x-4)(x-8)$

(2) $(y+7)(y-9)$

解答

(1) $(x-4)(x-8) = x^2 + \underset{\text{-4と-8の和}}{\overset{(-4)+(-8)の+を省略した形}{(-4-8)}}x + \underset{\text{-4と-8の積}}{(-4)\times(-8)}$

$$= x^2 - 12x + 32$$

(2) $(y+7)(y-9) = y^2 + \underset{\text{7と-9の和}}{\overset{7+(-9)の+を省略した形}{(7-9)}}y + \underset{\text{7と-9の積}}{7\times(-9)}$

$$= y^2 - 2y - 63$$

🐣 コレで完璧！ポイント

公式を忘れたときの対処法 その1

もし、この乗法公式を忘れたなら、$(a+b)(c+d) = ac+ad+bc+bd$ の公式を使って展開することもできます。**練習問題2** (1) なら、右のように展開できます。

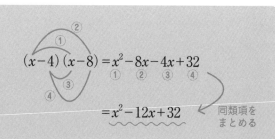

$$(x-4)(x-8) = \underset{①}{x^2} \underset{②}{- 8x} \underset{③}{- 4x} \underset{④}{+ 32}$$

$$= x^2 - 12x + 32$$

同類項をまとめる

8 乗法公式 2

ここが
大切！

次の3つの公式をおさえよう！

$(x+a)^2 = x^2 + 2ax + a^2$　　　$(x-a)^2 = x^2 - 2ax + a^2$

$(x+a)(x-a) = x^2 - a^2$

3 乗法公式 その2、その3

4つの乗法公式のうち、1つは35ページで紹介しました。
ここでは、右の2つの乗法公式を学びましょう。

$$(x+a)^2 = x^2 + 2ax + a^2$$
aの2倍　aの2乗

$$(x-a)^2 = x^2 - 2ax + a^2$$
aの2倍　aの2乗

例題3 次の式を展開しましょう。

（1）$(x+8)^2$

（2）$(y-5)^2$

解答

（1）$(x+8)^2 = x^2 + 2 \times 8 \times x + 8^2$
8の2倍　8の2乗

$$= x^2 + 16x + 64$$

（2）$(y-5)^2 = y^2 - 2 \times 5 \times y + 5^2$
5の2倍　5の2乗

$$= y^2 - 10y + 25$$

練習問題3

次の式を展開しましょう。

（1）$(x+11)^2$

（2）$(a-1)^2$

解答

（1）$(x+11)^2 = x^2 + 2 \times 11 \times x + 11^2$
11の2倍　11の2乗

$$= x^2 + 22x + 121$$

（2）$(a-1)^2 = a^2 - 2 \times 1 \times a + 1^2$
1の2倍　1の2乗

$$= a^2 - 2a + 1$$

4 乗法公式 その4

では、最後の乗法公式を学びましょう。

$$(x+a)(x-a) = \underset{x\text{の2乗}}{\underline{x^2}} - \underset{a\text{の2乗}}{\underline{a^2}}$$

例題4 次の式を展開しましょう。

（1）$(x+6)(x-6)$

（2）$(2a-3)(2a+3)$

解答

（1）$(x+6)(x-6) = \underset{x\text{の2乗}}{\underline{x^2}} - \underset{6\text{の2乗}}{\underline{6^2}}$

$= \underset{\sim\sim\sim\sim}{x^2 - 36}$

（2）$(2a-3)(2a+3) = \underset{2a\text{の2乗}}{\underline{(2a)^2}} - \underset{3\text{の2乗}}{\underline{3^2}}$

$= \underset{\sim\sim\sim\sim}{4a^2 - 9}$

練習問題4

次の式を展開しましょう。

（1）$(x-9)(x+9)$

（2）$(7+5y)(5y-7)$

解答

（1）$(x-9)(x+9) = \underset{x\text{の2乗}}{\underline{x^2}} - \underset{9\text{の2乗}}{\underline{9^2}}$

$= x^2 - 81$

（2）$(7+5y)(5y-7) = (5y+7)(5y-7)$

7と5yを入れかえる

$= \underset{5y\text{の2乗}}{\underline{(5y)^2}} - \underset{7\text{の2乗}}{\underline{7^2}}$

$= 25y^2 - 49$

 コレで完璧！ ポイント

公式を忘れたときの対処法 その2

この項目で習った3つの乗法公式を忘れたときも、

$(a+b)(c+d) = ac+ad+bc+bd$

の公式を使って展開することができます。

例題3 （2）

$(y-5)^2$ ← かけ算に分解する

$= (y-5)(y-5)$ → $(a+b)(c+d)$ $= ac+ad+bc+bd$ を使う

$= y^2 - 5y - 5y + 25$

$= \underset{\sim\sim\sim\sim}{y^2 - 10y + 25}$ ← 同類項をまとめる

例題3 （1）

$(x+8)^2$ ← かけ算に分解する

$= (x+8)(x+8)$ → $(a+b)(c+d)$ $= ac+ad+bc+bd$ を使う

$= x^2 + 8x + 8x + 64$

$= \underset{\sim\sim\sim\sim}{x^2 + 16x + 64}$ ← 同類項をまとめる

例題4 （1）

$(x+6)(x-6)$ → $(a+b)(c+d)$ $= ac+ad+bc+bd$ を使う

$= x^2 - 6x + 6x - 36$

$= \underset{\sim\sim\sim\sim}{x^2 - 36}$ ← $-6x+6x=0$だから消去

4つの乗法公式は、後で習う因数分解とも関係があり、最終的には覚える必要があります。

しかし、忘れたときには、この方法で対処しましょう。

1 方程式とは

ここが
大切！

等式の5つの性質をおさえよう！

1 方程式とは

＝のことを等号^{とうごう}といいます。

等号を使って数や量の等しい関係を表した式を等式^{とうしき}といいます。

等式で、等号＝の左側の式を左辺^{さ へん}といいます。

等式で、等号＝の右側の式を右辺^{う へん}といいます。

左辺と右辺を合わせて、両辺^{りょうへん}といいます。

例えば、等式$2x + 4 = 10$で、左辺、右辺、両辺は、
右のようになります。

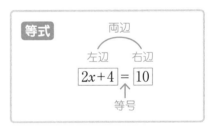

等式$2x + 4 = 10$について、xに数を代入してみましょう。

xに1を代入

左辺は、$2 \times 1 + 4 = 6$となり、右辺の10と一致しません。

xに2を代入

左辺は、$2 \times 2 + 4 = 8$となり、右辺の10と一致しません。

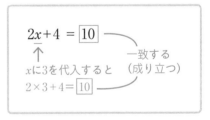

xに3を代入

左辺は、$2 \times 3 + 4 = 10$となり、右辺の10と一致し、成り立ちます。

「$2x + 4 = 10$」のように、**文字に代入する値によって、成り立ったり成り立たなかったりする等式を、方程式^{ほうていしき}といいます。**

また、**方程式を成り立たせる値を、その方程式の解^{かい}といいます。そして、解を求めること**を、「**方程式を解く^と**」といいます。

上の例にあげた方程式$2x + 4 = 10$の解は、3です。

等式には、次の性質があるので、おさえておきましょう。

PART
3

1
次
方
程
式
（
じ
ほ
う
て
い
し
き
）

> **等式の性質**
>
> ① A=B ならば、A + C = B + C は成り立つ
>
> ② A=B ならば、A − C = B − C は成り立つ
>
> ③ A=B ならば、AC = BC は成り立つ
>
> ④ A=B ならば、$\frac{A}{C} = \frac{B}{C}$ は成り立つ（C は0ではない）

つまり、A = B が成り立っているとき、**両辺に同じ数をたしても、引いても、かけても、割っても等式は成り立つ**という性質です。

 コレで完璧！ ポイント

等式の５つめの性質とは？

上の４つの性質に加えて、等式にはもうひとつの性質があります。
⑤ A=B ならば、B=A は成り立つ
つまり、等式の両辺を入れかえても等式は成り立つという性質です。

例えば、$2x + 4 = 10$ なら、$10 = 2x + 4$ も成り立つということです。当たり前のことのように思えるかもしれませんが、方程式を解くときにこの性質が役に立つことがあります。

2 等式の性質を使った方程式の解きかた

等式の性質を使って、方程式を解くことができます。

例題 次の方程式を解きましょう。

（1）$x+8=15$

（2）$5x=30$

解答

（1）$x+8=15$

等式の両辺から同じ数を引いても、等式は成り立ちます。だから、両辺から8を引きます。

$$x+8-8=15-8 \quad \underline{x=7}$$

（2）$5x=30$

等式の両辺を同じ数で割っても、等式は成り立ちます。だから、両辺を5で割ります。

$$\frac{5x}{5}=\frac{30}{5} \quad \underline{x=6}$$

例題 の解きかたを理解したら、解答をかくして、自力で解いてみましょう。

2 移項（いこう）を使った方程式の解きかた

ここが
大切！　　移項（いこう）のしかた { 文字の項を左辺に移項
　　　　　　　　　　　　　　　　　　 数の項を右辺に移項

39ページの 例題 （1）の方程式「$x+8=15$」は、等式の性質を使って解きました。

しかし、等式の性質を使うより、移項（いこう）の考えかたを使うことで、よりかんたんに解くことができる場合があります。

等式の項は、その符号（＋と－）をかえて、左辺から右辺に、または右辺から左辺に移すことができます。 これを移項といいます。

方程式「$x+8=15$」を、移項の考えかたを使って解いてみましょう。

$$x\boxed{+8}=15$$
$$x\quad=15\boxed{-8} \quad\text{＋を－に}$$
$$\qquad\qquad\text{かえて移項}$$
$$\underline{x=7}$$

左の図のように、左辺の＋8を、**符号をかえて右辺に移項** して解きます。

移項の考えかたを使って方程式を解くときには、**文字をふくむ項を左辺に**、**数の項を右辺に**、それぞれ移項するとスムーズに解けることが多いです。

例題 次の方程式を解きましょう。

（1）$2x-3=-9$　　　　　（2）$-3x+20=2x$　　　　　（3）$-x+1=-4x-17$

解答

（1）左辺の-3を、**符号をかえて右辺に移項** しましょう。

（2）左辺の$+20$を、**符号をかえて右辺に移項** しましょう。右辺の$2x$を、**符号をかえて左辺に移項** しましょう。

（3）左辺の$+1$を、**符号をかえて右辺に移項** しましょう。右辺の$-4x$を、**符号をかえて左辺に移項** しましょう。

（1）
$$2x\boxed{-3}=-9 \quad\text{－を＋に}$$
$$\qquad\qquad\qquad\text{かえて移項}$$
$$2x\quad=-9\boxed{+3}$$
$$\qquad\qquad\quad\text{右辺を計算}$$
$$2x\quad=-6$$
$$\qquad\qquad\quad\text{両辺を2で割る}$$
$$\underline{x=-3}$$

（2）
$$-3x\boxed{+20}=\boxed{2x} \quad\text{文字を左辺に、}$$
$$\qquad\qquad\qquad\quad\text{数を右辺に移項}$$
$$-3x\boxed{-2x}=\boxed{-20}$$
$$\qquad\qquad\qquad\text{左辺を計算}$$
$$-5x=-20$$
$$\qquad\qquad\qquad\text{両辺を}-5\text{で割る}$$
$$\underline{x=4}$$

（3）
$$-x\boxed{+1}=\boxed{-4x}-17 \quad\text{文字を左辺}$$
$$\qquad\qquad\qquad\qquad\text{に、数を右}$$
$$\qquad\qquad\qquad\qquad\text{辺に移項}$$
$$-x\boxed{+4x}=-17\boxed{-1}$$
$$\qquad\qquad\qquad\text{両辺を計算}$$
$$3x=-18$$
$$\qquad\qquad\qquad\text{両辺を3で割る}$$
$$\underline{x=-6}$$

✎ 練習問題

次の方程式を解きましょう。

（1）$2x - 5(x + 4) = 16$ 　　（2）$-0.1x + 0.24 = 0.08x - 0.3$ 　　（3）$\dfrac{1}{8}x - \dfrac{1}{6} = \dfrac{1}{3}x$

解答

（1）かっこをふくむ方程式は、分配法則を使って、かっこを外してから解きましょう。

$$2x - 5(x + 4) = 16$$
$$2x - 5x - 20 = 16 \quad \text{かっこを外す}$$
$$2x - 5x = 16 + 20 \quad \text{－20を右辺に移項}$$
$$-3x = 36 \quad \text{両辺を計算}$$
$$\underline{x = -12} \quad \text{両辺を－3で割る}$$

（2）両辺に100をかけて、小数を整数にしてから解きましょう。

$$-0.1x + 0.24 = 0.08x - 0.3 \quad \text{両辺に100をかける}$$
$$(-0.1x + 0.24) \times 100 = (0.08x - 0.3) \times 100 \quad \text{かっこを外す}$$
$$-10x + 24 = 8x - 30 \quad \text{24と8xを移項}$$
$$-10x - 8x = -30 - 24 \quad \text{両辺を計算}$$
$$-18x = -54 \quad \text{両辺を－18で割る}$$
$$\underline{x = 3}$$

（3）両辺に分母（8、6、3）の最小公倍数24をかけて、分数を整数にしてから解きましょう。このように変形することを、「分母をはらう」といいます。

$$\frac{1}{8}x - \frac{1}{6} = \frac{1}{3}x \quad \text{両辺に分母の最小公倍数24をかける}$$
$$\left(\frac{1}{8}x - \frac{1}{6}\right) \times 24 = \frac{1}{3}x \times 24 \quad \text{かっこを外す}$$
$$\frac{1}{8}x \times 24 - \frac{1}{6} \times 24 = \frac{1}{3}x \times 24 \quad \text{分母をはらう}$$
$$3x - 4 = 8x \quad \text{－4と8xを移項}$$
$$3x - 8x = 4 \quad \text{左辺を計算}$$
$$-5x = 4 \quad \text{両辺を－5で割る}$$
$$\underline{x = -\frac{4}{5}}$$

 ### コレで完璧！ ポイント

方程式と多項式の解きかたの違いは？
次の①と②の式はよく似ていますね。

① $\dfrac{1}{8}x - \dfrac{1}{6} = \dfrac{1}{3}x$ 　　② $\dfrac{1}{8}x - \dfrac{1}{6} - \dfrac{1}{3}x =$

①が**方程式**で、②が**多項式の計算**です。
方程式には、等号＝の左右に**両辺**があり、多項式には、**両辺**がありません。

①は、 練習問題 （3）と同じ方程式ですから、両辺を24倍して解いていきます。一方、②の多項式の計算は［②のまちがった計算例］のように24倍して解くのはまちがいです。なぜなら、**式を24倍しているので、答えも24倍になってしまうからです**。これは、**多項式も方程式も学んだ人がやってしまいがちなミス**なので気をつけましょう。

［②のまちがった計算例］

$$\frac{1}{8}x - \frac{1}{6} - \frac{1}{3}x$$
$$= \left(\frac{1}{8}x - \frac{1}{6} - \frac{1}{3}x\right) \times 24 \quad \text{24をかけてはいけない！}$$
$$= 3x - 4 - 8x$$
$$= \underline{-5x - 4} \quad \text{24倍した答えなので×}$$

［②の正しい計算例］

$$\frac{1}{8}x - \frac{1}{6} - \frac{1}{3}x$$
$$= \frac{3}{24}x - \frac{8}{24}x - \frac{1}{6} \quad \text{通分する}$$
$$= -\frac{5}{24}x - \frac{1}{6} \quad \longleftarrow \text{正しい答え}$$

方程式と多項式の計算を区別し、解きかたを混同しないように注意しましょう。

PART

3

1
次方程式

41

3 1次方程式の文章題（代金の問題）

ここが
大切！
　　　1次方程式の文章題は、**3ステップ**で**解こう！**

ここまで出てきた方程式は、移項して整理すると「（1次式）＝0」の形に変形できます。
このような方程式を、1次方程式といいます。
この項目では、1次方程式の文章題について見ていきます。
1次方程式の文章題は、次の3ステップで解きましょう。

ステップ1	ステップ2	ステップ3
求めたいものを x とする	方程式をつくる	方程式を解く

例題　ボールペンを5本と、120円の消しゴムを6個買ったところ、代金の合計は1520円
　　　になりました。ボールペン1本の値段は何円ですか。

解答　3つのステップによって、次のように解くことができます。

ステップ1 求めたいものを x とする

ボールペン1本の値段を x 円とします。

ステップ2 方程式をつくる

（x 円のボールペン5本の代金）＋（120円の消しゴム6個の代金）＝（代金の合計）という
関係を式に表せば、次のように方程式をつくれます。

$$\underset{\substack{\uparrow \\ \text{ボールペン} \\ \text{5本の代金}}}{5x} \quad + \quad \underset{\substack{\uparrow \\ \text{消しゴム} \\ \text{6個の代金}}}{120\times6} \quad = \quad \underset{\substack{\uparrow \\ \text{代金の合計}}}{1520}$$

ステップ3 方程式を解く

$$5x+120\times6=1520$$
$$5x+720=1520 \quad\text{120×6を計算}$$
$$5x=1520-720 \quad\text{720を移項}$$
$$5x=800 \quad\text{1520−720を計算}$$
$$x=160 \quad\text{両辺を5で割る}$$

答え　**160円**

✍ 練習問題

1個70円のビスケットと1個90円のキャンディを合わせて15個買ったところ、代金の合計は1210円になりました。ビスケットとキャンディをそれぞれ何個買いましたか。

解答

　　　　3つのステップによって、次のように解くことができます。

ステップ1 求めたいものをxとする

買ったビスケットの個数をx個とします。

合わせて15個買ったので、キャンディの個数は$(15-x)$個と表せます。

ステップ2 方程式をつくる

(70円のビスケットx個の代金) + (90円のキャンディ$(15-x)$個の代金) = (代金の合計)という関係を式に表せば、次のように方程式をつくれます。

$$\underset{\substack{\uparrow \\ \text{ビスケット} \\ x\text{個の代金}}}{70x} + \underset{\substack{\uparrow \\ \text{キャンディ} \\ (15-x)\text{個の} \\ \text{代金}}}{90(15-x)} = \underset{\substack{\uparrow \\ \text{代金の合計}}}{1210}$$

ステップ3 方程式を解く

$$70x + 90(15-x) = 1210$$
$$70x + 1350 - 90x = 1210$$
$$70x - 90x = 1210 - 1350$$
$$-20x = -140$$
$$x = 7$$

かっこを外す
1350を移項
両辺を −20で割る

ビスケットは7個と求められました。合わせて15個買ったので、キャンディの個数は$15-7=8$(個)となります。

答え　ビスケット7個、キャンディ8個

🐱 コレで完璧！ ポイント

キャンディの個数をx個とおいても解ける！

　練習問題 の解答では、ビスケットの個数をx個として解きましたが、キャンディの個数をx個としても、次のように解くことができます。自信のある方は、次の解きかたを見ずに自力で解いてみましょう。

解きかた

買ったキャンディの個数をx個とします。合わせて15個買ったので、ビスケットの個数は$(15-x)$個と表せます。

$$\underset{\substack{\uparrow \\ \text{キャンディ} \\ x\text{個の代金}}}{90x} + \underset{\substack{\uparrow \\ \text{ビスケット} \\ (15-x)\text{個} \\ \text{の代金}}}{70(15-x)} = \underset{\substack{\uparrow \\ \text{代金の合計}}}{1210}$$

かっこを外す

$$90x + 1050 - 70x = 1210$$
$$90x - 70x = 1210 - 1050$$
$$20x = 160$$
$$x = 8$$

1050を移項
両辺を20で割る

合わせて15個買ったので、ビスケットの個数は$15 - 8 = 7$(個)

答え　ビスケット7個、キャンディ8個

※「1次方程式の文章題(同じものを2通りで表す問題)」について学びたい方は、特典PDFをダウンロードしてください(5ページ参照)。

1 座標とは

ここが
大切！
座標に関するさまざまな用語の意味をおさえよう！

平面上での点の位置の表しかたについて、見ていきましょう。

図1のように、平面上に直角に交わる横とたての数直線を考えます。

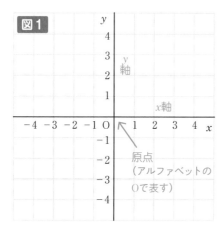

図1で、**横の数直線をx軸といい、たての数直線をy軸**といいます。

また、**x軸とy軸の交点を原点**といい、アルファベットのOで表します（数字の0ではないので注意しましょう）。

図2で、点Pの位置を表しましょう。

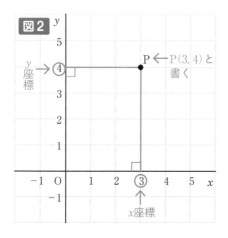

まず、図2のように、点Pからx軸とy軸に垂直に直線（青い線）を引きます。

点Pのx軸上のめもりは3です。この3を、点Pの**x座標**といいます。

点Pのy軸上のめもりは4です。この4を、点Pの**y座標**といいます。

点Pのx座標3とy座標4を合わせて$(3, 4)$と書き、これを点Pの**座標**といいます。

点Pは$P(3, 4)$と書くこともあります。

点Pの座標 → P (3 , 4)
　　　　　　　　 ↑　 ↑
　　　　　　　x座標 y座標

このように、**x軸とy軸を定めて、点の位置を座標で表せる平面**を、**座標平面**といいます。

さまざまな用語の意味をおさえよう！

この項目では、さまざまな用語が出てきて大変に感じる方もいるかもしれません。

しかし、すでに座標について学んだ中学生を教える数学の先生や、数学の参考書では、これらの用語をわかっているものとして、ふつうに使用します。授業や参考書の内容を理解するためにも、さまざまな用語の意味をおさえましょう。

練習問題

下の図について、次の問いに答えましょう。

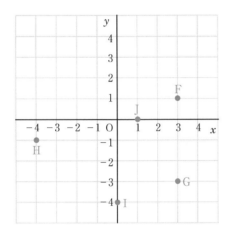

（1）図に、次の点をかきこみましょう。

A (2, 3)、B (−1, 4)、C (−2, −4)、D (0, 2)、E (−3, 0)

（2）図の点F、G、H、I、Jの座標を答えましょう。また、原点Oの座標を答えましょう。

解答

（1）点A、B、C、D、Eは、次の通りです。

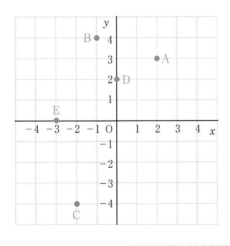

（2）点Fは、x座標が3、y座標が1なので、F(3, 1)

点Gは、x座標が3、y座標が−3なので、G(3, −3)

点Hは、x座標が−4、y座標が−1なので、H(−4, −1)

点Iは、x座標が0、y座標が−4なので、I(0, −4)

点Jは、x座標が1、y座標が0なので、J(1, 0)

原点Oは、x座標とy座標がともに0なので、(0, 0)

2 比例とグラフ

ここが
大切！

比例の式は $y = ax$ であることをおさえよう！

1 比例とは

x と y が次の式で表されるとき、「y は x に比例する」といいます。

比例を表す式　→　$y = ax$

このとき、$y = ax$ の a を、**比例定数**といいます。例えば、$y = 5x$ の比例定数は、**5**です。

例題　x と y について、$y = 3x$ という関係が成り立っています。

このとき、次の問いに答えましょう。

（1）y は x に比例しているといえますか。
（2）比例定数は何ですか。
（3）右の表をうめましょう。

x	…	-3	-2	-1	0	1	2	3	…
y	…								…

解答

（1）$y = ax$（a は3）という式で表されているので、y は x に比例しているといえます。

答え　**いえる**

（2）$y = 3x$ の**3**が比例定数です。

答え　**3**

（3）$y = 3x$ の x に1を代入すると、$y = 3 \times 1 = 3$ となります。

また、x に -2 を代入すると、$y = 3 \times (-2) = -6$ となります。

このように、x に数を代入して y の値を求めていくと、次のように答えが求められます。

x	…	-3	-2	-1	0	1	2	3	…
y	…	-9	-6	-3	0	3	6	9	…

例題 （3）の表で、次のように、x が2倍になると y も2倍になり、x が3倍になると y も3倍になっていることがわかります。

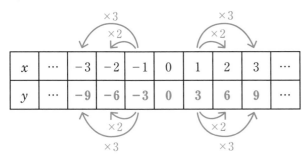

x と y が $y = ax$ という比例の関係で表されるとき、x が2倍、3倍、4倍、…になると、y も2倍、3倍、4倍、…になるという性質があります。

2 比例のグラフ

例題 （3）の表で、それぞれを座標に対応させると、次のようになります。

x	…	-3	-2	-1	0	1	2	3	…
y	…	-9	-6	-3	0	3	6	9	…

座標 $(-3, -9)$ $(-2, -6)$ $(-1, -3)$ $(0,0)$ $(1,3)$ $(2,6)$ $(3,9)$

そして、座標平面上にこれらの座標の点をとり、それを直線で結びましょう。そうすると、右のように $y = 3x$ のグラフをかくことができます。

右のように、比例のグラフは、原点を通る直線になります。

$y = 3x$ のグラフ

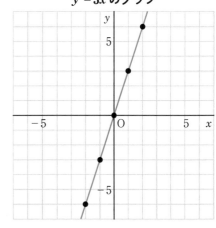

🐦 **コレで完璧！ ポイント**

比例定数が正か負かで、グラフがかわる！

例題 で見た $y = 3x$ は比例定数（3）が正の数で、グラフは右上がりになりました。
一方、例えば、$y = -3x$ のように、比例定数（-3）が負の数の場合、グラフは右下がりになるので注意しましょう。

[$y = ax$ のグラフ]

a が正の数（$a > 0$）のとき

a が負の数（$a < 0$）のとき

右上がりのグラフ
（右にいくにつれて上がる）

右下がりのグラフ
（右にいくにつれて下がる）

3 反比例とグラフ

ここが
大切！
反比例の式は$y = \dfrac{a}{x}$であることをおさえよう！

1 反比例とは

x と y が、次のような式で表されるとき、「y は x に反比例する」といいます。

反比例を表す式 → $y = \dfrac{a}{x}$

このとき、$y = \dfrac{a}{x}$ の a を、比例のときと同じように、比例定数といいます。例えば、$y = \dfrac{6}{x}$ の比例定数は、6です。

例題 x と y について、$y = \dfrac{12}{x}$ という関係が成り立っています。
このとき、次の問いに答えましょう。

（1）y は x に反比例しているといえますか。　　（2）比例定数は何ですか。

（3）次の表をうめましょう。

x	…	-12	-6	-4	-3	-2	-1	0	1	2	3	4	6	12	…
y	…							×							…

解答

（1）$y = \dfrac{a}{x}$（a は12）という式で表されているので、y は x に反比例しているといえます。

答え　**いえる**

（2）$y = \dfrac{12}{x}$ の**12**が比例定数です。

答え　**12**

（3）$y = \dfrac{12}{x}$ の x に2を代入すると、$y = \dfrac{12}{2} = 6$ となります。

また、x に-4を代入すると、$y = \dfrac{12}{-4} = -3$ となります。

このように、x に数を代入して y の値を求めていくと、次のように答えが求められます。12を0で割ることはできないので、0のところは×としています。

x	…	-12	-6	-4	-3	-2	-1	0	1	2	3	4	6	12	…
y	…	-1	-2	-3	-4	-6	-12	×	12	6	4	3	2	1	…

例題 （3）の表で、次のように、xが2倍になるとyは$\frac{1}{2}$倍になり、xが3倍になるとyは$\frac{1}{3}$倍になっていることがわかります。

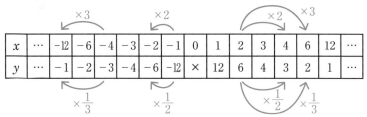

x	…	−12	−6	−4	−3	−2	−1	0	1	2	3	4	6	12	…
y	…	−1	−2	−3	−4	−6	−12	×	12	6	4	3	2	1	…

xとyが$y = \frac{a}{x}$という反比例の関係で表されるとき、xが2倍、3倍、4倍、…になると、yは$\frac{1}{2}$倍、$\frac{1}{3}$倍、$\frac{1}{4}$倍、…になるという性質があります。

2 反比例のグラフ

例題 の$y = \frac{12}{x}$のグラフをかいてみましょう。

例題 （3）の表を見ながら、座標平面上に これらの座標の点をとり、それを曲線でなめ らかに結ぶと、右のように、$y = \frac{12}{x}$のグラフ をかくことができます。それぞれの点を直線 で結ぶのではなく、なめらかに曲線で結ぶの がポイントです。

右のように、反比例のグラフは、なめら かな2つの曲線になり、これを双曲線と いいます。

$y = \frac{12}{x}$のグラフ

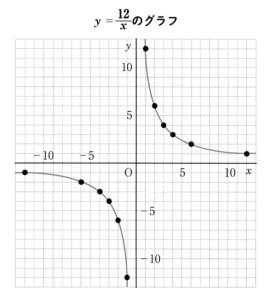

コレで完璧！ ポイント

反比例のグラフも、比例定数が 正か負かによってかわる！

比例のグラフでは、比例定数が正のときに右 上がりのグラフになり、負のときに右下がり のグラフになりました。
反比例のグラフも、比例定数が正か負によっ て、右のようにかわるので注意しましょう。

$[y = \frac{a}{x}$のグラフ$]$

aが正の数（$a > 0$） のとき

aが負の数（$a < 0$） のとき

1 連立方程式の解きかた 1

ここが
大切！
加減法では、計算しやすいほうにそろえて解こう！

1 加減法とは

$$\begin{cases} 7x+3y=27 \\ 5x+3y=21 \end{cases}$$

左の式のように、**2つ以上の方程式を組み合わせたものを、**
連立方程式といいます。

連立方程式には、2つの解きかた（加減法と代入法）がありますが、ここではまず加減法
について解説します。

加減法とは、両辺をたしたり引いたりして、文字を消去して解く方法です。

例題1 次の連立方程式を解きましょう。

$$\begin{cases} 7x+3y=27 \cdots\cdots ❶ \\ 5x+3y=21 \cdots\cdots ❷ \end{cases}$$

解答

❶の $+3y$ から、❷の $+3y$ を引くと0になることを利用して解きます。
$[(+3y) - (+3y) = 0]$

❶の両辺から❷の両辺を引くと

$$
\begin{array}{r}
7x + 3y = 27 \cdots\cdots ❶ \\
-)\ 5x + 3y = 21 \cdots\cdots ❷ \\
\hline
2x \qquad = 6 \\
x \qquad = 3
\end{array}
$$

❶から❷を引く

両辺を2で割る

$x=3$ を❷の式 $(5x+3y=21)$ に
代入すると

$15+3y=21$、 $3y=21-15$、
$3y=6$、 $y=2$

答え $x=3$、$y=2$

練習問題 1

次の連立方程式を
解きましょう。

（1）$\begin{cases} 4x-5y=11\cdots\cdots❶ \\ 2x+3y=-11\cdots\cdots❷ \end{cases}$
（2）$\begin{cases} 5x+2y=1\cdots\cdots❶ \\ -8x-3y=-3\cdots\cdots❷ \end{cases}$

解答

（1）❷の両辺を2倍すれば、どちらの式にも$4x$ができるので、加減法で解けます。

❷の両辺を2倍すると、次のようになります。

❷　$2x + 3y = -11$
↓2倍 ↓2倍　↓2倍　$(2x+3y)\times2=-11\times2$
❷×2　$4x + 6y = -22$

❶から、❷の両辺を2倍した式を引くと

$$\begin{array}{r} ❶\quad 4x - 5y = 11 \\ ❷\times2\quad -)\ 4x + 6y = -22 \\ \hline -11y = 33 \\ y = -3 \end{array}$$

両辺を
-11で割る

$y=-3$を❷の式に代入すると

$2x-9=-11$
$2x=-11+9$
$2x=-2$
$x=-1$

答え　$x=-1$、$y=-3$

（2）❶の両辺を3倍して、❷の両辺を2倍すれば、$+6y$と$-6y$ができるので、加減法で解けます。

❶の両辺を3倍、❷の両辺を2倍すると、それぞれ次のようになります。

❶　$5x + 2y = 1$
↓3倍 ↓3倍 ↓3倍
❶×3　$15x + 6y = 3$

❷　$-8x - 3y = -3$
↓2倍　↓2倍　↓2倍
❷×2　$-16x - 6y = -6$

❶の両辺を3倍した式と、❷の両辺を2倍した式をたすと

$$\begin{array}{r} ❶\times3\quad 15x + 6y = 3 \\ ❷\times2\quad +)\ -16x - 6y = -6 \\ \hline -x = -3 \\ x = 3 \end{array}$$

両辺を
-1で割る

$x=3$を❶の式に代入すると

$15+2y=1$、$2y=1-15$、
$2y=-14$、$y=-7$

答え　$x=3$、$y=-7$

 コレで完璧！ ポイント

計算しやすいほうにそろえて解こう！

練習問題1（2）では、yの係数の絶対値を6にそろえて解きましたが、xの係数の絶対値を40にそろえて解くこともできます。

$$\begin{array}{r} ❶\times8\quad 40x + 16y = 8 \\ ❷\times5\quad +)\ -40x - 15y = -15 \\ \hline y = -7 \end{array}$$

このように解くこともできますが、数が大きくなるほど解きにくくなっていきます。ですから、xとyのどちらの係数をそろえたほうが計算しやすいか考えてから解くようにしましょう。

2 連立方程式の解きかた ②

ここが大切！

加減法と代入法で解きやすいほうを選んで解こう！

2 代入法とは

代入法とは、**一方の式を、もう一方の式に代入することによって、文字を消去して解く方法**です。

> **例題2** 次の連立方程式を解きましょう。

$(1) \begin{cases} x=3y-8 \cdots\cdots ❶ \\ 2x+5y=6 \cdots\cdots ❷ \end{cases}$ $(2) \begin{cases} 5x-2y=-6 \cdots\cdots ❶ \\ x-10=2y \cdots\cdots ❷ \end{cases}$

> **解答**

(1) ❶の式を❷の式に代入して、x を消去して解きましょう。

❶を❷に代入すると

$$2(3y-8)+5y=6$$
$$6y-16+5y=6 \quad ← かっこを外す$$
$$6y+5y=6+16、\quad 11y=22、\quad y=2$$

$x=3y-8 \cdots\cdots ❶$
$2(\boxed{x})+5y=6 \cdots\cdots ❷$ ← かっこをつけて代入

$y=2$を❶の式に代入すると

$$x=3×2-8=6-8=-2$$

答え　$x=-2$、$y=2$

(2) ❷の式を❶の式に代入して、y を消去して解きましょう。

❷を❶に代入すると

$$5x-(x-10)=-6$$
$$5x-x+10=-6 \quad ← かっこを外す$$
$$5x-x=-6-10、\quad 4x=-16、\quad x=-4$$

$x-10=2y \cdots\cdots ❷$
$5x-(\boxed{2y})=-6 \cdots\cdots ❶$ ← かっこをつけて代入

$x=-4$を❷の式に代入すると

$$2y=-4-10=-14$$
$$y=-7$$

答え　$x=-4$、$y=-7$

3 さまざまな連立方程式

加減法と代入法によって、連立方程式を解く方法について見てきました。

これらの方法を使って、さまざまな連立方程式を解いてみましょう。

練習問題2

次の連立方程式を解きましょう。

（1）$\begin{cases} -2(2x+7y)-3y=2\cdots\cdots\text{❶} \\ x=-5y-2\cdots\cdots\text{❷} \end{cases}$　　（2）$\begin{cases} 0.5x+0.7y=-0.3\cdots\cdots\text{❶} \\ \dfrac{5}{6}x+\dfrac{8}{9}y=2\cdots\cdots\text{❷} \end{cases}$

解答

（1）→かっこをふくんだ連立方程式

❶の式のかっこを外して整理してから、代入法で解きましょう。

❶のかっこを外すと

$$-4x-14y-3y=2$$
$$-4x-17y=2\cdots\cdots\text{❸}$$

❷を❸に代入すると

$$-4(-5y-2)-17y=2 \quad \rangle \text{かっこを外す}$$
$$20y+8-17y=2$$
$$20y-17y=2-8,\quad 3y=-6,\quad y=-2$$

$y=-2$を❷の式に代入すると

$$x=-5\times(-2)-2=10-2=8$$

答え　$x=8$、$y=-2$

（2）→小数や分数をふくんだ連立方程式

❶と❷を、係数が整数の式に直してから、加減法で解きましょう。

❶の両辺を10倍すると、次のようになります。

$\boxed{\text{❶}}$ ┤ $0.5x\ +\ 0.7y\ =\ -0.3$
$\qquad\qquad \downarrow10倍\quad\downarrow10倍\quad\downarrow10倍$
$\boxed{\text{❶}\times10}$ ┤ $5x\ +\ 7y\ =\ -3 \leftarrow$ この式を ❸とする

次に、❷の両辺に6と9の最小公倍数18をかけて、分母をはらいます。

$\boxed{\text{❷}}$ ┤ $\dfrac{5}{6}x\ +\ \dfrac{8}{9}y\ =\ 2$
$\qquad\qquad \downarrow\frac{5}{6}\times18=15\quad\downarrow\frac{8}{9}\times18=16\quad\downarrow2\times18=36$
$\boxed{\text{❷}\times18}$ ┤ $15x\ +\ 16y\ =\ 36 \leftarrow$ この式を ❹とする

❸の両辺を3倍した式から、❹を引くと

$\boxed{\text{❸}\times3}$ 　$15x+21y=-9$
$\boxed{\text{❹}}$ 　$\underline{-)\ 15x+16y=\ \ 36}$
$\qquad\qquad\qquad 5y=-45$
$\qquad\qquad\qquad\ y=-9$

$y=-9$を❸の式に代入すると

$$5x+7\times(-9)=-3$$
$$5x-63=-3$$
$$5x=-3+63=60$$
$$x=12$$

答え　$x=12$、$y=-9$

コレで完璧！ ポイント

加減法と代入法で解きやすいほうを選んで解こう！

練習問題2（1）は、代入法で解きましたが、次のように、加減法を使って解くこともできます。

❶のかっこを外して整理すると
$$-4x-17y=2\cdots\cdots\text{❸}$$

❷の右辺の$-5y$を左辺に移項すると
$$x+5y=-2\cdots\cdots\text{❹}$$

$\boxed{\text{❸}+\text{❹}\times4\text{の計算をする}}$

❸　$\qquad\qquad -4x-17y=\ \ 2$
❹×4　$+)\qquad 4x+20y=-8$
$\qquad\qquad\qquad\quad 3y=-6$
$\qquad\qquad\qquad\quad\ y=-2$ （以下同じ）

このように、ほとんどの連立方程式は、代入法でも加減法でも解くことができますが、どちらのほうが解きやすいか考えて解くようにしましょう。

3 連立方程式の文章題

ここが
大切！

連立方程式の文章題は、3ステップで解こう！

---

1 連立方程式の文章題（代金）

連立方程式の文章題は、
右の3ステップで解きま
しょう。

> **ステップ1** 求めたいものを x と y とする
> **ステップ2** 連立方程式（2つの方程式）をつくる
> **ステップ3** 連立方程式を解く

例題 1個300円のプリンと、1個200円のシュークリームを合わせて11個買ったところ、代金の合計は2500円になりました。プリンとシュークリームをそれぞれ何個買いましたか。

解答 3つのステップによって、次のように解くことができます。

ステップ1 求めたいものを x と y とする

プリンを x 個、シュークリームを y 個買ったとします。

ステップ2 連立方程式（2つの方程式）をつくる

プリン（x 個）とシュークリーム（y 個）を合わせて11個買ったのだから　　$x + y = 11$……❶

1個300円のプリン x 個の代金は、$300 \times x = \mathbf{300x}$（円）

1個200円のシュークリーム y 個の代金は、$200 \times y = \mathbf{200y}$（円）

これらを合わせると2500円になるので　　$300x + 200y = 2500$……❷

これにより、右の連立方程式をつくれます。
$$\begin{cases} x + y = 11 \cdots\cdots❶ \\ 300x + 200y = 2500 \cdots\cdots❷ \end{cases}$$

ステップ3 連立方程式を解く

❷の両辺を
100で割ると
$3x + 2y = 25$
……❸

※右ページ
のポイント
参照

❶×3−❸の計算をする

$\begin{array}{r} ❶×3 \quad 3x + 3y = 33 \\ ❸ \quad -)\ 3x + 2y = 25 \\ \hline y = 8 \end{array}$

$y = 8$ を❶に代入すると
$x + 8 = 11$　　$x = 11 - 8 = 3$

答え　**プリン3個、シュークリーム8個**

両辺を割って小さい係数にしてから計算しよう！

例題 の連立方程式は、加減法によって次のように解くこともできます。

$$❶ × 300 − ❷ を計算する$$

❶×300 　　$300x + 300y = 3300$
❷ 　　$-)\ 300x + 200y = 2500$
　　　　　　　$100y = 800$
　　　　　　　　$y = 8$

しかし、これでは係数が大きいのでまちがいやすく、時間もかかります。

一方、 例題 の解答の（※）では、❷の式の両辺を 100 で割って、式をかんたんにしてから、加減法で解きました。

それによって、それぞれの係数が小さい数になり、計算しやすくなります。

この方法をマスターして計算を楽にしていきましょう。ただし、この方法が使えるのは、両辺が同じ数で割れるときだけです。

2 連立方程式の文章題（速さ）

🖐 練習問題

A 地を出発して、1400m はなれた B 地に向かいます。はじめは分速120m で走って、途中から分速80m で歩いたところ、全体で15分かかりました。走った道のりと歩いた道のりは、それぞれ何 m か答えましょう。

解答 3つのステップによって、次のように解くことができます。

ステップ 1 求めたいものをxとyとする
走った道のりをxm、歩いた道のりをym とします。

ステップ 2 連立方程式（2つの方程式）をつくる
問題の状況を線分図に表すと、次のようになります。

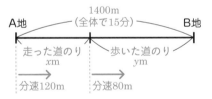

・まず、道のりに注目して、方程式をつくります。
走った道のり（xm）と歩いた道のり（ym）の合計は 1400mなので　　　$x + y = 1400 \cdots ❶$

・次に、時間に注目して、方程式をつくります。
xmの道のりを分速120mで走りました。
「時間＝道のり÷速さ」なので、走った時間は
$$x÷120 = \frac{x}{120}（分）$$

一方、ymの道のりを分速80mで歩きました。
「時間＝道のり÷速さ」なので、歩いた時間は
$$y÷80 = \frac{y}{80}（分）$$

走った時間と歩いた時間を合わせると15分になるので　　$\dfrac{x}{120} + \dfrac{y}{80} = 15 \cdots ❷$

これにより、右の連立方程式をつくることができます。
$$\begin{cases} x + y = 1400 \cdots ❶ \\ \dfrac{x}{120} + \dfrac{y}{80} = 15 \cdots ❷ \end{cases}$$

ステップ 3 連立方程式を解く
❷の両辺に、120と80の最小公倍数240をかけて、分母をはらうと $2x + 3y = 3600 \cdots ❸$

$$❸ − ❶ × 2 を計算する$$

❸ 　　$2x + 3y = 3600$
❶×2 　$-)\ 2x + 2y = 2800$
　　　　　　　$y = 800$

$y=800$を❶に代入すると
$x + 800 = 1400$
$x = 1400 − 800 = 600$

答え 　走った道のり600m、歩いた道のり800m

1 1次関数とグラフ

ここが
大切！

1次関数のグラフは、3ステップでかこう！

1 1次関数とは

x と y が右の式で表されるとき、「y は x の1
次関数である」といいます。
このとき、$y = ax + b$ の a を傾き、b を切片
といいます。例えば、$y = -2x - 3$なら傾きは
-2、切片は-3になります。

> 1次関数の式　→　$y = ax + b$

> $y = a\,x + b$
> 　　傾き　　切片

2 1次関数のグラフのかきかた

1次関数のグラフは、次の3ステップでかくことができます。

> **ステップ1**　1次関数 $y = ax + b$ のグラフは点 $(0, b)$ を通る
> 　　　　　　（例えば、$y = 3x + 2$ のグラフなら点 $(0, 2)$ を通る）
> **ステップ2**　x に適当な整数を代入して、直線が通る（もう1つの）点を見つける
> **ステップ3**　2つの点を直線で結ぶ

 コレで完璧！ポイント

**1次関数 $y = ax + b$ のグラフが
点 $(0, b)$ を通る理由**

上の **ステップ1** の「1次関数 $y = ax + b$
のグラフは点 $(0, b)$ を通る」理由について、
説明します。
$y = ax + b$ の x に0を代入すると、次のよう
になります。
$y = a \times 0 + b = b$
だから、$y = ax + b$ のグラフは点 $(0, b)$ を通
るのです。これは、グラフが y 軸と交わる点
を表しています。

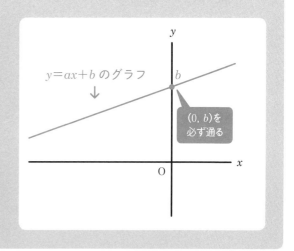

例題 $y=2x-4$ のグラフをかきましょう。

解答 $y=2x-4$ のグラフは次のように、3ステップでかくことができます。

ステップ1 1次関数 $y=ax+b$ のグラフは点 $(0, b)$ を通る

$y=2x-4$ のグラフは点 $(0, -4)$ を通ります。

ステップ2 x に適当な整数を代入して、直線が通る（もう1つの）点を見つける

例えば、$y=2x-4$ の x に3を代入すると

$y=2\times3-4=2$ となります。

これは、$y=2x-4$ のグラフが点 $(3, 2)$ を通ることを表します。

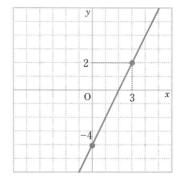

ステップ3 2つの点を直線で結ぶ

前の2つのステップで求めた点 $(0, -4)$ と点 $(3, 2)$ を直線で結ぶと、上のように $y=2x-4$ のグラフをかくことができます。

📝 練習問題

$y=-\dfrac{3}{4}x+1$ のグラフを
かきましょう。

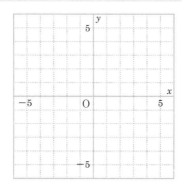

解答

$y=-\dfrac{3}{4}x+1$ のグラフは次のように、3ステップでかくことができます。

ステップ1 1次関数 $y=ax+b$ のグラフは点 $(0, b)$ を通る

$y=-\dfrac{3}{4}x+1$ のグラフは点 $(0, 1)$ を通ります。

ステップ2 x に適当な整数を代入して、直線が通る（もう1つの）点を見つける

例えば、$y=-\dfrac{3}{4}x+1$ の x に4を代入すると

$y=-\dfrac{3}{4}\times4+1=-3+1=-2$ となります。

これは、$y=-\dfrac{3}{4}x+1$ のグラフが点 $(4, -2)$ を通ることを表します。

※この練習問題の場合、y の値を整数にするため、x には4の倍数を代入します。

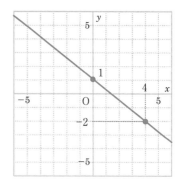

ステップ3 2つの点を直線で結ぶ

前の2つのステップで求めた点 $(0, 1)$ と点 $(4, -2)$ を直線で結ぶと、右上のように $y=-\dfrac{3}{4}x+1$ のグラフをかくことができます。

2 1次関数の式の求めかた

ここが
大切！

1次関数の式を$y = ax + b$とおいて解こう！

1次関数の式を求める問題を解いていきましょう。

例題1　グラフの傾きが−3で、点（1, −5）を通る1次関数の式を求めましょう。

解答

傾きが−3だから、この1次関数は$y = -3x + b$と表せます。

このbがわかれば、この1次関数の式を求められます。

点（1, −5）を通るので、$y = -3x + b$に$x = 1$、$y = -5$を代入すると

$-5 = -3 \times 1 + b$

$-5 = -3 + b$

$b = -5 + 3 = -2$

だから、この1次関数の式は、$\underline{y = -3x - 2}$

 コレで完璧！ ポイント

グラフから直線の式を求める
3つのステップ

次の 例題2 のように、グラフから直線の式を
求める問題は、3ステップで解きましょう。

ステップ1 求めたい1次関数を$y = ax + b$とおく

ステップ2 直線のグラフとy軸が交わる点（0, b）
からbを求める

ステップ3 直線のグラフが通る点を見つけて、そ
の座標を代入してaを求める

例題2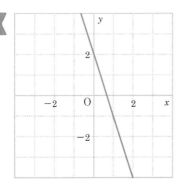
左の図の直線の式を
求めましょう。

解答

ステップ1 求めたい1次関数を $y = ax + b$ とおく

a と b の値がわかれば、直線の式を求められます。

ステップ2 直線のグラフと y 軸が交わる点 $(0, b)$ から b を求める

直線のグラフと y 軸が交わる点は $(0, 2)$ なので、b は2です。

だから、$y = ax + 2$ と表せます。

ステップ3 直線のグラフが通る点を見つけて、その座標を代入して a を求める

直線のグラフを見ると、点 $(1, -1)$ を通っていることがわかります。

だから、$x = 1$、$y = -1$ を $y = ax + 2$ に代入すると

$-1 = a \times 1 + 2$

$a = -1 - 2 = -3$

$a = -3$ と求められたので、直線の式は $\underline{y = -3x + 2}$

右上の図:
ステップ2 y 軸との交点が $(0, 2)$ だから $b = 2$
ステップ3 点 $(1, -1)$ を通る

コレで完璧！ ポイント

2点の座標から直線の式を求める 3つのステップ

次の 例題3 のように、2点の座標から直線の式を求める問題は、3ステップで解きましょう。

ステップ1 求めたい1次関数を $y = ax + b$ とおく

ステップ2 2点の座標をそれぞれ $y = ax + b$ に代入し、連立方程式をつくる

ステップ3 連立方程式を解いて、直線の式を求める

例題3 y は x の1次関数で、そのグラフは2点 $(-1, -5)$、$(2, 7)$ を通ります。このとき、この1次関数の式を求めましょう。

解答

ステップ1 求めたい1次関数を $y = ax + b$ とおく

a と b の値がわかれば、直線の式を求められます。

ステップ2 2点の座標をそれぞれ $y = ax + b$ に代入し、連立方程式をつくる

$(-1, -5)$ を通るので、$x = -1$、$y = -5$ を $y = ax + b$ に代入すると

$-5 = -a + b$ ……①

$(2, 7)$ を通るので、$x = 2$、$y = 7$ を $y = ax + b$ に代入すると

$7 = 2a + b$ ……②

ステップ3 連立方程式を解いて、直線の式を求める

①と②の連立方程式を解くと

$a = 4$、$b = -1$

だから、直線の式は $\underline{y = 4x - 1}$

3 交点の座標の求めかた

ここが
大切！

2直線の交点の座標は、連立方程式を解いて求めよう！

例題1 2直線があり、それぞれの直線の式は、$y = -x + 2$と$y = 2x - 3$です。このとき、この2直線の交点の座標を求めましょう。

解答

2直線の式$y = -x + 2$と$y = 2x - 3$を、次のように**連立方程式**にして解きましょう。

求められたxとyの値が交点の座標です。

$$\begin{cases} y = -x + 2 & \cdots\cdots ① \\ y = 2x - 3 & \cdots\cdots ② \end{cases}$$

代入法で解きましょう。

①の式は$y = -x + 2$なので、②の式のyに$-x + 2$を代入すると

$$-x + 2 = 2x - 3$$
$$-x - 2x = -3 - 2$$
$$-3x = -5$$
$$x = \frac{5}{3}$$

$x = \frac{5}{3}$を①に代入すると

$y = -\frac{5}{3} + 2 = \frac{1}{3}$　　　　答え $\left(\dfrac{5}{3}, \dfrac{1}{3} \right)$

コレで完璧！ポイント

グラフから2直線の交点の座標を
求める2ステップ

次の 例題2 のように、グラフから2直線の交点
の座標を求める問題は、2ステップで解きま
しょう。

ステップ1 2直線の式をそれぞれ求める
ステップ2 2直線の式の連立方程式を解いて、
　　　　　　交点の座標を求める

例題2 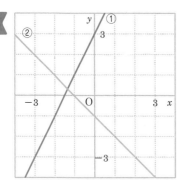 左の図で、直線①と直線②の交点の座標を求めましょう。

解答

ステップ1 2直線の式をそれぞれ求める

①の直線は点 $(0, 3)$ を通るので、$y = ax + 3$ とおけます。

①の直線は点 $(-2, -1)$ を通ります。

だから、$x = -2$、$y = -1$ を $y = ax + 3$ に代入すると

$-1 = -2a + 3$

これを解くと、$a = 2$ と求められるので、①の直線の式は $y = 2x + 3$

②の直線は点 $(0, -1)$ を通るので、$y = ax - 1$ とおけます。

②の直線は点 $(1, -2)$ を通ります。

だから、$x = 1$、$y = -2$ を $y = ax - 1$ に代入すると

$-2 = a - 1$

これを解くと、$a = -1$ と求められるので、②の直線の式は $y = -x - 1$

ステップ2 2直線の式の連立方程式を解いて、交点の座標を求める

ステップ1 から、次の連立方程式をつくれます。

$$\begin{cases} y = 2x + 3 \cdots\cdots ① \\ y = -x - 1 \cdots\cdots ② \end{cases}$$

①を②に代入すると

$2x + 3 = -x - 1,\ 2x + x = -1 - 3,\ 3x = -4,\ x = -\dfrac{4}{3}$

$x = -\dfrac{4}{3}$ を①に代入すると

$y = 2 \times \left(-\dfrac{4}{3}\right) + 3 = -\dfrac{8}{3} + 3 = \dfrac{1}{3}$ 答え $\left(-\dfrac{\mathbf{4}}{\mathbf{3}}, \dfrac{\mathbf{1}}{\mathbf{3}}\right)$

例題 の解きかたを理解したら、解答をかくして、自力で解いてみましょう。

1 平方根とは

ここが
大切！

正の数には、平方根が2つあることをおさえよう！

1 平方根とは

2乗するとaになる数を、aの平方根といいます。

例えば、5を2乗すると、$5^2 = 25$になります。

また、-5を2乗しても、$(-5)^2 = 25$になります。

だから、25の平方根は、5と-5です。

$$5と-5 \xrightarrow[\text{平方根}]{\text{2乗すると}} 25$$

このように、**正の数には平方根が2つあり、絶対値が等しく、符号が異なります。**

例えば、25の平方根5と-5は、絶対値が5で等しく、符号が異なります。

例題1 次の数の平方根を答えましょう。

（1）64 　　　　（2）$\dfrac{36}{49}$ 　　　　（3）0

解答

（1）　$8^2 = 64$、$(-8)^2 = 64$だから、64の平方根は、**8と-8**

（2）　$\left(\dfrac{6}{7}\right)^2 = \dfrac{36}{49}$、$\left(-\dfrac{6}{7}\right)^2 = \dfrac{36}{49}$だから、$\dfrac{36}{49}$の平方根は、$\dfrac{6}{7}$**と**$-\dfrac{6}{7}$

（3）　$0^2 = 0$だから、0の平方根は、**0**

例題1 （3）からわかるように、**0の平方根は0だけ**です。

また、どんな数を2乗しても負の数になることはないので、**負の数に平方根はありません。**

2 √（根号）の使いかた

a を正の数とすると、a の平方根は、正と負の２つがあります。

a の２つの平方根のうち、

正のほうを　$\sqrt{a}$（読みかたは、ルート a）

負のほうを　$-\sqrt{a}$（読みかたは、マイナスルート a）

と表します。

$\sqrt{}$ は根号といい、ルートと読みます。

また、$\sqrt{a}$ と $-\sqrt{a}$ を合わせて、$\pm\sqrt{a}$ と表すこともできます（読みかたは、プラスマイナスルート a）。

【例題2】 次の数の平方根を答えましょう。必要ならば根号を使って表しましょう。

（1）2　　　　　　（2）4

【解答】

（1）2の平方根は、**$\sqrt{2}$ と $-\sqrt{2}$**（または、**$\pm\sqrt{2}$**）

（2）4の平方根は、**2 と -2**（または、**±2**）

コレで完璧！ ポイント

√を使わずに表せるときは、
√を使わないようにしよう！

【例題2】（2）で、4の平方根を、$\sqrt{4}$ と $-\sqrt{4}$（または、$\pm\sqrt{4}$）と答えるとまちがいになるので注意しましょう。

なぜなら、4の平方根は根号（√）を使わなくても、2と -2（または、±2）のように整

数で表せるからです。√ の中の数が、ある数の２乗になっているとき、このように √ を使わずに表せます。たとえば、$\sqrt{4}$ の場合は、4が「2の2乗」なので、「$\sqrt{4}=2$」と表せるのです。

√ を使わずに表せるときは、√ を使わずに答えにするようにしましょう。

練習問題

次の数の平方根を答えましょう。必要ならば根号を使って表しましょう。

（1）100　　（2）10　　（3）3.6　　（4）0.09　　（5）$\dfrac{2}{3}$

解答

（1）100の平方根は、10と -10（または、±10）

（2）10の平方根は、$\sqrt{10}$ と $-\sqrt{10}$（または、$\pm\sqrt{10}$）

（3）3.6の平方根は、$\sqrt{3.6}$ と $-\sqrt{3.6}$（または、$\pm\sqrt{3.6}$）

（4）0.09の平方根は、0.3と -0.3（または、±0.3）

（5）$\dfrac{2}{3}$ の平方根は、$\sqrt{\dfrac{2}{3}}$ と $-\sqrt{\dfrac{2}{3}}$（または、$\pm\sqrt{\dfrac{2}{3}}$）

2 根号を使わずに表す

ここが
大切！

$(\sqrt{a})^2$ と $(-\sqrt{a})^2$ はどちらも a になることをおさえよう！

例えば、$\sqrt{36}$ は、36の平方根の正のほうを表すので、$\sqrt{36} = 6$ です。

$-\sqrt{36}$ は、36の平方根の負のほうを表すので、$-\sqrt{36} = -6$ です。

このように、根号（$\sqrt{}$）を使わずに表すことができる場合があります。

例題1 次の数を、根号を使わずに表しましょう。

(1) $\sqrt{9}$ (2) $-\sqrt{16}$

解答

(1) $\sqrt{9}$ は、9の平方根の正のほうなので、$\sqrt{9} = \underline{\mathbf{3}}$

(2) $-\sqrt{16}$ は、16の平方根の負のほうなので、$-\sqrt{16} = \underline{\mathbf{-4}}$

練習問題1

次の数を、根号を使わずに表しましょう。

(1) $\sqrt{81}$ (2) $-\sqrt{25}$ (3) $\sqrt{0.64}$ (4) $-\sqrt{\dfrac{49}{100}}$

解答

(1) $\sqrt{81}$ は、81の平方根の正のほうなので、$\sqrt{81} = 9$

(2) $-\sqrt{25}$ は、25の平方根の負のほうなので、$-\sqrt{25} = -5$

(3) $\sqrt{0.64}$ は、0.64の平方根の正のほうなので、$\sqrt{0.64} = 0.8$

(4) $-\sqrt{\dfrac{49}{100}}$ は、$\dfrac{49}{100}$ の平方根の負のほうなので、$-\sqrt{\dfrac{49}{100}} = -\dfrac{7}{10}$

コレで完璧！ポイント

平方根の2つの式をおさえよう！

例えば、7の平方根は$\sqrt{7}$と$-\sqrt{7}$です。

つまり、$\sqrt{7}$と$-\sqrt{7}$はどちらも2乗すると、7になります。

$(\sqrt{7})^2 = 7$ $\qquad$ $(-\sqrt{7})^2 = 7$

この例から、次の式が成り立つことがわかります。

$(\sqrt{a})^2 = a$ $\qquad$ $(-\sqrt{a})^2 = a$

$$\sqrt{a}と-\sqrt{a} \quad \xrightarrow[\text{平方根}]{\text{2乗すると}} \quad a$$

例題2 次の数を、根号を使わずに表しましょう。

(1) $(\sqrt{3})^2$ $\qquad\qquad$ (2) $(-\sqrt{21})^2$

解答

(1) $(\sqrt{a})^2 = a$ の公式から、$(\sqrt{3})^2 = \underline{\textbf{3}}$ $\qquad$ (2) $(-\sqrt{a})^2 = a$ の公式から、$(-\sqrt{21})^2 = \underline{\textbf{21}}$

練習問題2

次の数を、根号を使わずに表しましょう。

(1) $(\sqrt{19})^2$ $\qquad$ (2) $(-\sqrt{7})^2$ $\qquad$ (3) $-(-\sqrt{11})^2$ $\qquad$ (4) $\left(-\sqrt{\dfrac{3}{7}}\right)^2$

解答

(1) $(\sqrt{a})^2 = a$の公式から、$(\sqrt{19})^2 = 19$ $\qquad$ (2) $(-\sqrt{a})^2 = a$の公式から、$(-\sqrt{7})^2 = 7$

(3) $(-\sqrt{a})^2 = a$の公式から、$-(-\sqrt{11})^2 = -11$ $\qquad$ (4) $(-\sqrt{a})^2 = a$の公式から、$\left(-\sqrt{\dfrac{3}{7}}\right)^2 = \dfrac{3}{7}$

※（3）は、$(-\sqrt{11})^2 = 11$なので、

それに－をつけて－11となります。

もっと知りたい 数学コラム **平方根を小数に直すと…？**

例えば、$\sqrt{2}$を小数に直すと、1.41421356…のように、不規則かつ無限に続く小数になります。$\sqrt{2}$、$\sqrt{3}$、$\sqrt{5}$を小数に直したときの（およその）値は語呂合わせで覚えるようにしましょう。なぜなら、覚えておくことで解ける問題が出されることがあるからです。

〈平方根のおよその値の語呂合わせ〉

$\sqrt{2} = 1.41421356\cdots$ 【一夜一夜に人見ごろ】

$\sqrt{3} = 1.7320508\cdots$ 【人なみにおごれや】

$\sqrt{5} = 2.2360679\cdots$ 【富士山麓オウム鳴く】

3 平方根のかけ算と割り算

ここが
大切！

平方根のかけ算と割り算の公式をおさえよう！

1 平方根のかけ算

平方根のかけ算は、右の公式を使って計算します。

$$\sqrt{a} \times \sqrt{b} = \sqrt{ab}$$

例題1 次の計算をしましょう。

$\sqrt{3} \times \sqrt{5} =$

解答

$\sqrt{3} \times \sqrt{5} = \sqrt{3 \times 5} = \sqrt{15}$

🖐 **練習問題1**

次の計算をしましょう。

（1）$\sqrt{17} \times \sqrt{3} =$　　　　　（2）$-\sqrt{18} \times \sqrt{2} =$

解答

（1）$\sqrt{17} \times \sqrt{3} = \sqrt{17 \times 3} = \sqrt{51}$

（2）$-\sqrt{18} \times \sqrt{2} = -\sqrt{18 \times 2} = -\sqrt{36} = -6$

$36 = 6^2$だから整数に直す

 コレで完璧！ ポイント

$a \times \sqrt{b} = a\sqrt{b}$であることを
おさえよう！

例えば、$3 \times \sqrt{2}$や$\sqrt{2} \times 3$では、×を省いて
$3\sqrt{2}$と書くことがあります（$\sqrt{2}\,3$とは書きま

せん）。
$a\sqrt{b}$のような形が出てきたら、aと$\sqrt{b}$の間に
×が省略されていることをおさえましょう。

2 平方根の割り算

平方根の割り算は、右の公式を使って計算します。

$$\sqrt{a} \div \sqrt{b} = \frac{\sqrt{a}}{\sqrt{b}} = \sqrt{\frac{a}{b}}$$

例題2 次の計算をしましょう。

$\sqrt{21} \div \sqrt{3} =$

解答

$\sqrt{21} \div \sqrt{3} = \dfrac{\sqrt{21}}{\sqrt{3}} = \sqrt{\dfrac{21}{3}} = \underline{\sqrt{7}}$

✋ **練習問題2**

次の計算をしましょう。

(1) $\sqrt{55} \div \sqrt{5} =$ (2) $\sqrt{8} \div (-\sqrt{2}) =$

解答

(1) $\sqrt{55} \div \sqrt{5} = \dfrac{\sqrt{55}}{\sqrt{5}} = \sqrt{\dfrac{55}{5}} = \underline{\sqrt{11}}$

(2) $\sqrt{8} \div (-\sqrt{2}) = -\dfrac{\sqrt{8}}{\sqrt{2}} = -\sqrt{\dfrac{8}{2}} = -\sqrt{4} = \underline{-2}$

$4 = 2^2$ だから整数に直す

3 $a\sqrt{b}$ や分数の形からの変形

🏴 コレで完璧！ポイント で述べたとおり、$a\sqrt{b} = a \times \sqrt{b}$ です。

これをさらに変形すると、次のようになります。

$$a\sqrt{b} = \underbrace{a \times \sqrt{b}}_{a を \sqrt{a^2} に変形} = \sqrt{a^2} \times \sqrt{b} = \sqrt{a^2 b}$$

これにより、右の式が成り立ちます。

$$a\sqrt{b} = \sqrt{a^2 b}$$

a を2乗して $\sqrt{}$ の中に入れる

例題3 次の数を $\sqrt{a}$ の形に表しましょう。

(1) $3\sqrt{5}$ (2) $\dfrac{\sqrt{24}}{2}$

解答

(1) $3\sqrt{5}$ 3を2乗して $\sqrt{}$ の中に入れる $(a\sqrt{b} = \sqrt{a^2 b})$
$= \sqrt{3^2 \times 5}$
$= \sqrt{9 \times 5} = \underline{\sqrt{45}}$

(2) $\dfrac{\sqrt{24}}{2}$ $2 = \sqrt{4}$ に変形
$= \dfrac{\sqrt{24}}{\sqrt{4}}$ $\dfrac{\sqrt{a}}{\sqrt{b}} = \sqrt{\dfrac{a}{b}}$
$= \sqrt{\dfrac{24}{4}}$ 約分する
$= \underline{\sqrt{6}}$

📝 **例題** の解きかたを理解したら、解答をかくして、自力で解いてみましょう。

4 $a\sqrt{b}$ に関する計算

ここが
大切！

$\sqrt{}$ 内の2乗の数は、2乗を外して $\sqrt{}$ の外に出そう！

1 $a\sqrt{b}$ の形への変形

次の式が成り立つことは、67ページですでに述べました。

$$a\sqrt{b} = \sqrt{a^2 b}$$

この式の両辺を入れかえた次の式も成り立ちます。

$$\sqrt{a^2 b} = a\sqrt{b}$$
2乗を外して $\sqrt{}$ の外に出す

つまり、「$\sqrt{}$ 内の2乗の数は、2乗を外して $\sqrt{}$ の外に出せる」という式です。この式を使って、次の例題を解いてみましょう。

例題1 ▶ 次の数を $a\sqrt{b}$ の形に表しましょう。

（1）$\sqrt{12}$　　　　　　（2）$\sqrt{180}$

解答

（1）$\sqrt{12}$
$= \sqrt{2^2 \times 3}$ ← 12を素因数分解する
$= 2\sqrt{3}$ ← 2を、2乗を外して $\sqrt{}$ の外に出す
$\quad$ （$\sqrt{a^2 b} = a\sqrt{b}$）

（2）$\sqrt{180}$
$= \sqrt{2 \times 2 \times 3 \times 3 \times 5}$ ← 180を素因数分解する
$= \sqrt{2 \times 3 \times 2 \times 3 \times 5}$ ← 並びかえる
$\qquad\quad\underbrace{}_{6}\quad\underbrace{}_{6}$
$= \sqrt{6^2 \times 5}$
$= 6\sqrt{5}$ ← 6を、2乗を外して $\sqrt{}$ の外に出す
$\quad$ （$\sqrt{a^2 b} = a\sqrt{b}$）

※素因数分解については 20 ページを参照

$a\sqrt{b}$ の b はできるだけ小さい数にしよう！

例題1 （2）では、例えば次のように、2だけを $\sqrt{}$ の外に出すこともできます。

$$\sqrt{180}$$
$$= \sqrt{2^2 \times 45}$$
$$= 2\sqrt{45} \quad \text{2を}\sqrt{}\text{の外に出す}$$

これにより、$\sqrt{180} = 2\sqrt{45}$ のように、$a\sqrt{b}$ の形に表すことができました。しかし、テス

トなどでこのまま答えにすると、△か×になってしまいます。

なぜなら、「$a\sqrt{b}$ の b はできるだけ小さい数にする」というきまりがあるからです。

（2）の解説のように、$\sqrt{180} = 6\sqrt{5}$ と変形して、b をできるだけ小さい数にして答えるようにしましょう。

2 答えが $a\sqrt{b}$ になるかけ算

答えが $a\sqrt{b}$ になるかけ算について、見ていきましょう。

かける前に素因数分解するのがポイントです。

例題2 次の計算をしましょう。

（1）$\sqrt{28} \times \sqrt{18} =$　　　（2）$\sqrt{15} \times \sqrt{10} =$　　　（3）$4\sqrt{6} \times 3\sqrt{15} =$

解答

（1）　$\sqrt{28} \times \sqrt{18}$　　かける前に28と18を素因数分解してどちらも $a\sqrt{b}$ の形にする
$$= 2\sqrt{7} \times 3\sqrt{2}$$ 並びかえる
$$= 2 \times 3 \times \sqrt{7} \times \sqrt{2}$$
$$= \underline{6\sqrt{14}}$$ $\sqrt{}$ の外どうし、$\sqrt{}$ の中どうしをかける

（2）　$\sqrt{15} \times \sqrt{10}$　　かける前に15と10を素因数分解する
$$= \sqrt{3 \times 5} \times \sqrt{2 \times 5}$$
$$= \sqrt{3 \times 5 \times 2 \times 5}$$
$$= \sqrt{5^2 \times 6}$$ 5を $\sqrt{}$ の外に出す（$\sqrt{a^2 b} = a\sqrt{b}$）
$$= \underline{5\sqrt{6}}$$

※（1）は、
$$\sqrt{28} \times \sqrt{18} = \sqrt{28 \times 18} = \sqrt{504} = \sqrt{6^2 \times 14} = 6\sqrt{14}$$
のように、先に 28×18 をかけても求めることはできます。
しかしこの場合、$\sqrt{504}$ から $6\sqrt{14}$ の変形が大変になります。
ですから、**かける前に素因数分解するほうが計算が楽になる**のです。

（3）　$4\sqrt{6} \times 3\sqrt{15}$　　かける前に6と15を素因数分解する
$$= 4\sqrt{2 \times 3} \times 3\sqrt{3 \times 5}$$
$$= 4 \times 3 \times \sqrt{2 \times 3 \times 3 \times 5}$$
$$= 12 \times \sqrt{3^2 \times 10}$$ 3を $\sqrt{}$ の外に出す（$\sqrt{a^2 b} = a\sqrt{b}$）
$$= 12 \times 3\sqrt{10}$$
$$= \underline{36\sqrt{10}}$$

例題 の解きかたを理解したら、解答をかくして、自力で解いてみましょう。

5 分母の有理化

ここが
大切！

分母が $k\sqrt{a}$ のとき、分母と分子に $\sqrt{a}$ をかけて有理化しよう！

1 分母の有理化とは

分母を根号（$\sqrt{}$）がない形に変形することを、分母の有理化といいます。

分母が $\sqrt{a}$ や $k\sqrt{a}$ のとき、**分母と分子に $\sqrt{a}$ をかける**と、分母を有理化できます。

例題　次の数の分母を有理化しましょう。

(1) $\dfrac{\sqrt{3}}{\sqrt{5}}$　　　　　　(2) $\dfrac{2}{3\sqrt{2}}$　　　　　　(3) $\dfrac{14}{\sqrt{63}}$

解答

(1)

$$\frac{\sqrt{3}}{\sqrt{5}} = \frac{\sqrt{3}\times\sqrt{5}}{\sqrt{5}\times\sqrt{5}} = \frac{\sqrt{15}}{(\sqrt{5})^2} = \frac{\sqrt{15}}{5}$$

↑　　　　　　　　↷
分母と分子に $\sqrt{5}$ をかける　$(\sqrt{a})^2 = a$

(2)

$$\frac{2}{3\sqrt{2}} = \frac{2\times\sqrt{2}}{3\sqrt{2}\times\sqrt{2}} = \frac{2\times\sqrt{2}}{3\times(\sqrt{2})^2} = \frac{\overset{1}{2}\times\sqrt{2}}{\underset{1}{3\times2}} = \frac{\sqrt{2}}{3}$$

↑　　　　　　　　　　↑
分母と分子に $\sqrt{2}$ をかける　　約分する

(3)

$$\frac{14}{\sqrt{63}} = \frac{14}{3\sqrt{7}} = \frac{14\times\sqrt{7}}{3\sqrt{7}\times\sqrt{7}} = \frac{\overset{2}{14}\times\sqrt{7}}{\underset{1}{3\times7}} = \frac{2\sqrt{7}}{3}$$

↷　　　　　　　　↑　　　　　↑
$a\sqrt{b}$ の形にする　分母と分子に　約分する
　　　　　　　　$\sqrt{7}$ をかける

コレで完璧！ ポイント

$a\sqrt{b}$ の形にしてから有理化しよう！

例題（3）の解説では、分母の $\sqrt{63}$ を $3\sqrt{7}$（$a\sqrt{b}$ の形）にしてから、分母と分子に $\sqrt{7}$ をかけて有理化しました。

一方、次のように、いきなり分母と分子に $\sqrt{63}$ をかけて有理化することもできます。

ただしこの場合、途中式に出てくる数が大きくなってしまいます。ですから、**分母を $a\sqrt{b}$ の形にしてから有理化する解きかたのほうがおすすめです。**

$$\frac{14}{\sqrt{63}} = \frac{14\times\sqrt{63}}{\sqrt{63}\times\sqrt{63}} = \frac{14\times\sqrt{3^2\times7}}{(\sqrt{63})^2} = \frac{\overset{2}{14}\times\overset{1}{3}\times\sqrt{7}}{\underset{3}{63}} = \frac{2\sqrt{7}}{3}$$

↑ 分母と分子に $\sqrt{63}$ をかける　　↑ 約分する

2 有理化が必要な平方根の割り算

有理化が必要な平方根の割り算の練習をしていきましょう。

割り算だけでなく、あらゆる計算において、**分母に $\sqrt{}$ がふくまれる場合は、分母を有理化して答えましょう。**

分母に $\sqrt{}$ をふくんだまま答えるとまちがいになるので注意が必要です。

PART 7 平方根（へいほうこん）

練習問題

次の計算をしましょう。

（1）$\sqrt{3}\div\sqrt{2}=$　　　　　　（2）$-\sqrt{5}\div2\sqrt{6}=$

解答

（1）
$$\sqrt{3}\div\sqrt{2} = \frac{\sqrt{3}}{\sqrt{2}} = \frac{\sqrt{3}\times\sqrt{2}}{\sqrt{2}\times\sqrt{2}} = \frac{\sqrt{6}}{2}$$
分母と分子に $\sqrt{2}$ をかけて有理化

（2）
$$-\sqrt{5}\div2\sqrt{6} = -\frac{\sqrt{5}}{2\sqrt{6}} = -\frac{\sqrt{5}\times\sqrt{6}}{2\sqrt{6}\times\sqrt{6}} = -\frac{\sqrt{30}}{12}$$
分母と分子に $\sqrt{6}$ をかけて有理化

もっと知りたい 数学コラム　無理数（むりすう）の存在を隠したピタゴラス

x を整数、y を0でない整数としたとき、分数 $\frac{x}{y}$ で表される数を、**有理数（ゆうりすう）**といいます。ざっくり言うと、分母と分子が整数の分数で表せる数を有理数といい、そのように表せない数を**無理数（むりすう）**といいます。

$\sqrt{2}$ や $\sqrt{3}$、円周率（π）などは、分数 $\frac{x}{y}$ で表せないことがわかっているので無理数です。

「三平方の定理（さんへいほうのていり）（114ページ）」で有名なピタゴラスは、無理数の存在を認めず、弟子にもその存在を秘密にするよう伝えました。なぜなら、「あらゆる数は分数で表せる」と考えたからです。そのため、無理数の存在を口外してしまった弟子を、船から突き落として溺死させたという言い伝えも残っています。

6 平方根のたし算と引き算

ここが
大切！

平方根のたし算と引き算は、文字式と同じように計算しよう！

1 平方根のたし算と引き算

平方根のたし算と引き算は、$\sqrt{}$ を文字におきかえると、文字式と同じように計算できます。

【例題1】　次の計算をしましょう。

（1）$2\sqrt{7}+3\sqrt{7}=$

（2）$\sqrt{3}+2\sqrt{5}-4\sqrt{3}-6\sqrt{5}=$

［解答］

（1）$2\sqrt{7}+3\sqrt{7}$ で

$\sqrt{7}$ を x におきかえると、$2x+3x=5x$ となります。

これと同じように計算すると、

$2\sqrt{7}+3\sqrt{7}=\underline{\mathbf{5\sqrt{7}}}$

（2）$\sqrt{3}+2\sqrt{5}-4\sqrt{3}-6\sqrt{5}$ で

$\sqrt{3}$ を x に、$\sqrt{5}$ を y にそれぞれおきかえると $x+2y-4x-6y=-3x-4y$ となります。

これと同じように計算すると

$\sqrt{3}+2\sqrt{5}-4\sqrt{3}-6\sqrt{5}=\underline{\mathbf{-3\sqrt{3}-4\sqrt{5}}}$

※ $-3\sqrt{3}-4\sqrt{5}$ は、これ以上かんたんな形にはならないので、これが答えです。

 コレで完璧！ ポイント

**分配法則を使った
平方根の計算もできる！**

【例題1】では、平方根のたし算と引き算を、文字式と同じように計算しました。

ところで、文字式で習った分配法則とは、次のような計算のきまりでした。

a をどちらにもかける

$a\ (b+c)=ab+ac$

この分配法則を使って、次のような平方根の計算をすることができます。

【例】$\sqrt{6}(\sqrt{3}+\sqrt{5})$ を計算しましょう。

［解きかた］

$\sqrt{6}$ をどちらにもかける

$\sqrt{6}(\sqrt{3}+\sqrt{5})=\sqrt{6}\times\sqrt{3}+\sqrt{6}\times\sqrt{5}$
$=\underline{3\sqrt{2}+\sqrt{30}}$

2 $a\sqrt{b}$ に変形してから和や差を求める計算

$\sqrt{}$ の中の数が異なるときでも、$a\sqrt{b}$ の形に変形することによって、$\sqrt{}$ の中の数が同じになり、計算できることがあります。

例題2 次の計算をしましょう。　**解答**

$\sqrt{45}-2\sqrt{20}+2\sqrt{5}=$

$$\sqrt{45}-2\sqrt{20}+2\sqrt{5}$$
$$=\sqrt{3^2\times5}-2\sqrt{2^2\times5}+2\sqrt{5}$$
素因数分解する
$$=3\sqrt{5}-4\sqrt{5}+2\sqrt{5}$$
$\sqrt{a^2b}=a\sqrt{b}$ を使う
$$=\sqrt{5}$$

3 分母を有理化してから和や差を求める計算

分母に $\sqrt{}$ がある場合、分母を有理化してから計算しましょう。

例題3 次の計算をしましょう。　**解答**

$\sqrt{27}-\dfrac{6}{\sqrt{3}}=$

$$\sqrt{27}-\frac{6}{\sqrt{3}}$$
$$=3\sqrt{3}-\frac{6\times\sqrt{3}}{\sqrt{3}\times\sqrt{3}}$$
← 分母と分子に$\sqrt{3}$をかけて有理化する
$$=3\sqrt{3}-\frac{\overset{2}{6}\times\sqrt{3}}{\underset{1}{3}}$$
← 約分する
$$=3\sqrt{3}-2\sqrt{3}=\sqrt{3}$$

平方根の単元の最後として、今までの知識を使って、応用問題に挑戦してみましょう。

練習問題（応用編）

次の計算をしましょう。

$$\frac{3}{\sqrt{15}}-\sqrt{60}+\frac{4\sqrt{3}}{\sqrt{5}}=$$

解答

$$\frac{3}{\sqrt{15}}-\sqrt{60}+\frac{4\sqrt{3}}{\sqrt{5}}$$
$$=\frac{3\times\sqrt{15}}{\sqrt{15}\times\sqrt{15}}-2\sqrt{15}+\frac{4\sqrt{3}\times\sqrt{5}}{\sqrt{5}\times\sqrt{5}}$$
有理化する

$$=\frac{\overset{1}{3}\sqrt{15}}{\underset{5}{15}}-2\sqrt{15}+\frac{4\sqrt{15}}{5}$$

$\dfrac{\sqrt{15}}{5}+\dfrac{4\sqrt{15}}{5}=\dfrac{5\sqrt{15}}{5}$

$$=\frac{\overset{1}{5}\sqrt{15}}{\underset{1}{5}}-2\sqrt{15}$$
$$=\sqrt{15}-2\sqrt{15}=-\sqrt{15}$$

1 因数分解とは

ここが
大切！
共通因数をかっこの外にくくり出して因数分解しよう！

1 因数分解とは

35ページで習った乗法公式を使って、$(x+4)(x+5)$ を展開すると、次のようになります。

$$(x+4)(x+5)=x^2+9x+20$$

等式は、左辺と右辺を入れかえても成り立つので、次の式も成り立ちます。

$$x^2+9x+20=(x+4)(x+5)$$

これは、$x^2+9x+20$ が、$x+4$ と $x+5$ の積（かけ算の答え）であることを表しています。この場合の $x+4$ と $x+5$ のように、**積をつくっているひとつひとつの数や式**を因数といいます。

そして、**多項式をいくつかの因数の積の形に表すこと**を、因数分解といいます。

$$x^2+9x+20$$

展開 ↑　↓ 因数分解

$$\underbrace{(x+4)}_{因数}\underbrace{(x+5)}_{因数}$$

2 共通因数でくくり出す因数分解

すべての項に共通な因数（共通因数）をふくむ多項式では、**共通因数をかっこの外にくくり出すこと**によって、因数分解できることをおさえましょう。
30ページで習った分配法則の左辺と右辺を逆にした、右の式を利用します。

$$ab+ac=a(b+c)$$

共通因数　　かっこの外に
　　　　　　くくり出す

例題 次の式を因数分解しましょう。

（1）$3xy-2xz$ 　　　　　　　（2）$15a^2b+25ab^2$

解答

（1）文字の x が共通なので、
かっこの外にくくり出しましょう。

$$3xy-2xz=\boldsymbol{x}(3y-2z)$$

共通因数 → かっこの外に
くくり出す

（2）係数の15と25の最大公約数の5と、
共通の文字の ab を合わせた $5ab$ を、
かっこの外にくくり出しましょう。

$$15a^2b+25ab^2$$
$$=\boldsymbol{5ab}\times3a+\boldsymbol{5ab}\times5b$$
$$=\boldsymbol{5ab}(3a+5b)$$

$15a^2b$ と $25ab^2$ を $5ab\times\square$
にそれぞれ変形

共通因数の $5ab$ をかっこ
の外にくくり出す

※（2）のように、それぞれの項の係数の（絶対値の）最大公約数が1より大きい整数の場合、その整数をかっこの外にくくり出すようにしましょう。

🦊 **コレで完璧！ ポイント**

できる限り因数分解して答えにしよう！

例題（2）を次のように因数分解する生徒がいます。
$15a^2b+25ab^2=ab(15a+25b)$
途中式としてはまちがいではありませんが、テストでこう解答すると、○はもらえません。

なぜなら、さらに因数分解できるからです。
$$15a^2b+25ab^2=ab(15a+25b)$$
$$=5ab(3a+5b)$$

例題（2）のような問題では、できる限り因数分解して答えましょう。

✋ **練習問題**

次の式を因数分解しましょう。

（1）$2ab+a$ 　　　　　（2）$14x^2y-21xyz$

解答

（1）文字の a が共通なので、かっこの外にくくり出しましょう。

$$2ab+a$$
a を $1a$ に変形
$$=2ab+1a=a(2b+1)$$

共通因数 → かっこの外にくくり出す

（2）係数の絶対値の14と21の最大公約数の7と、共通の文字の xy を合わせた $7xy$ を、かっこの外にくくり出しましょう。

$$14x^2y-21xyz$$
$$=7xy\times2x-7xy\times3z$$
$$=7xy(2x-3z)$$

$14x^2y$ と $21xyz$ を $7xy\times\square$
にそれぞれ変形

共通因数の $7xy$ をかっこの
外にくくり出す

2 公式を使う因数分解 1

ここが
大切！

次の公式を使って因数分解しよう！

$$x^2 + \underset{\text{和}}{(a+b)}x + \underset{\text{積}}{ab} = (x+a)(x+b)$$

1 公式 $x^2 + (a+b)x + ab = (x+a)(x+b)$

35〜37ページで、4つの乗法公式を習いました。その4つの乗法公式の左辺と右辺を入れかえた公式による因数分解について、見ていきましょう。

式1 は、乗法公式の1つです。

> 式1　$(x+a)(x+b) = x^2 + (a+b)x + ab$

式1 の左辺と右辺を入れかえると、
式2 が成り立ちます。

> 式2　$x^2 + \underset{\text{和}}{(a+b)}x + \underset{\text{積}}{ab} = (x+a)(x+b)$

この 式2 を使って因数分解していきましょう。

例題1　次の式を因数分解しましょう。

（1）$x^2 + 8x + 15$　　　　　　（2）$a^2 - a - 6$

解答

（1）$x^2 + 8x + 15$ を因数分解するために、「たして8、かけて15になる2つの数」を探しましょう。

$$x^2 + \underset{\text{たして8}}{\underset{\uparrow}{8x}} + \underset{\text{かけて15}}{\underset{\uparrow}{15}}$$

「たして8、かけて15になる2つの数」を探すと、**+3**と**+5**が見つかります。

$(+3) + (+5) = 8$　← たして8
$(+3) \times (+5) = 15$　← かけて15

この **+3** と **+5** をもとに、次のように因数分解できます。

$x^2 + 8x + 15 = \underline{(x+3)(x+5)}$

（2）$a^2 - a - 6$（$= a^2 - 1a - 6$）を因数分解するために、「たして−1、かけて−6になる2つの数」を探しましょう。

$$a^2 - a - 6 = a^2 \underset{\text{たして−1}}{\underset{\uparrow}{- 1a}} \underset{\text{かけて−6}}{\underset{\uparrow}{- 6}}$$

「たして−1、かけて−6になる2つの数」を探すと、**+2**と**−3**が見つかります。

$(+2) + (-3) = -1$　← たして−1
$(+2) \times (-3) = -6$　← かけて−6

この **+2** と **−3** をもとに、次のように因数分解できます。

$a^2 - a - 6 = \underline{(a+2)(a-3)}$

コレで完璧！ ポイント

練習問題1

次の式を因数分解しましょう。

（1）$x^2 + 11x + 30$　　　　（2）$a^2 - 10a + 21$　　　　（3）$x^2 + 8x - 48$

解答

（1）$x^2 + 11x + 30$を因数分解するために、「たして11、かけて30になる2つの数」を探しましょう。

「たして11、かけて30になる2つの数」を探すと、$+5$と$+6$が見つかります。

だから、次のように因数分解できます。

$$x^2 + 11x + 30 = \underline{(x + 5)(x + 6)}$$

（2）$a^2 - 10a + 21$を因数分解するために、「たして-10、かけて21になる2つの数」を探しましょう。

「たして-10、かけて21になる2つの数」を探すと、-3と-7が見つかります。

だから、次のように因数分解できます。

$$a^2 - 10a + 21 = \underline{(a - 3)(a - 7)}$$

（3）$x^2 + 8x - 48$を因数分解するために、「たして8、かけて-48になる2つの数」を探しましょう。

「たして8、かけて-48になる2つの数」を探すと、$+12$と-4が見つかります。

だから、次のように因数分解できます。

$$x^2 + 8x - 48 = \underline{(x + 12)(x - 4)}$$

PART **8**

因数分解

3 公式を使う因数分解 ②

ここが大切！

次の公式を使って因数分解しよう！
$$x^2+2ax+a^2=(x+a)^2 \quad x^2-2ax+a^2=(x-a)^2 \quad x^2-a^2=(x+a)(x-a)$$

2 公式 $x^2+2ax+a^2=(x+a)^2$, $x^2-2ax+a^2=(x-a)^2$

次の公式を使って、因数分解していきましょう。

$$x^2+\underset{a\text{の}2倍}{2ax}+\underset{a\text{の}2乗}{a^2}=(x+a)^2 \qquad x^2-\underset{a\text{の}2倍}{2ax}+\underset{a\text{の}2乗}{a^2}=(x-a)^2$$

例題2 次の式を因数分解しましょう。

（1）x^2+6x+9　　　　　　（2）$a^2-12a+36$

解答

（1）x^2+6x+9は、**6が3の2倍、9が3の2乗**であることを見つけます。そして、次のように因数分解します。

$$x^2+\underset{3\text{の}2倍}{6x}+\underset{3\text{の}2乗}{9}=(x+3)^2$$

（2）$a^2-12a+36$は、**12が6の2倍、36が6の2乗**であることを見つけます。そして、次のように因数分解します。

$$a^2-\underset{6\text{の}2倍}{12a}+\underset{6\text{の}2乗}{36}=(a-6)^2$$

 コレで完璧！ ポイント

別の公式でも解ける！

例題2（1）は、ひとつ前の項目で習った公式
$$x^2+(a+b)x+ab=(x+a)(x+b)$$
を使って解くこともできます。ただし、途中式が増えるので、ベストな解きかたではありません。
では、実際に確かめてみましょう。
例題2（1）の x^2+6x+9 を因数分解するために、「たして6、かけて9になる2つの数」を探しましょう。
「たして6、かけて9になる2つの数」を探すと、+3と+3が見つかります。だから、次のように因数分解できます。
$$x^2+6x+9=(x+3)(x+3)=(x+3)^2$$
例題2（2）も同じ方法で解けるので試してみましょう。

次の式を因数分解しましょう。

（1）$x^2+18x+81$　　　　　　（2）$x^2-16x+64$

解答

（1）$x^2+18x+81$は、18が9の2倍、81が9の2乗です。　　$x^2+18x+81=\underline{(x+9)^2}$

（2）$x^2-16x+64$は、16が8の2倍、64が8の2乗です。　　$x^2-16x+64=\underline{(x-8)^2}$

3 公式 $x^2-a^2=(x+a)(x-a)$

右の公式を使って、
因数分解していきましょう。

$$x^2 - a^2 = (x+a)(x-a)$$

xの2乗　　aの2乗

例題3　次の式を因数分解しましょう。

（1）x^2-49　　　　　　　　（2）$9a^2-16b^2$

解答

（1）x^2-49は、x^2がxの2乗、49が7の2乗であることを見つけます。

　　そして、次のように因数分解します。

$$x^2 - 49 = x^2 - 7^2 = \underline{(x+7)(x-7)}$$

xの2乗　7の2乗

$x^2-a^2=(x+a)(x-a)$を使う

（2）$9a^2-16b^2$は、$9a^2$が$3a$の2乗、$16b^2$が$4b$の2乗であることを見つけます。

　　そして、次のように因数分解します。

$$9a^2 - 16b^2 = (3a)^2 - (4b)^2 = \underline{(3a+4b)(3a-4b)}$$

$3a$の2乗　$4b$の2乗

$x^2-a^2=(x+a)(x-a)$を使う

✍ **練習問題3**

次の式を因数分解しましょう。

（1）a^2-121　　　　　　（2）x^2-4y^2

解答

（1）$a^2-121=a^2-11^2=\underline{(a+11)(a-11)}$　　　　（2）$x^2-4y^2=x^2-(2y)^2=\underline{(x+2y)(x-2y)}$

1 2次方程式を平方根の考えかたで解く

ここが
大切！

$ax^2 = b$ や、$(x+a)^2 = b$ などの **2次方程式**は、**平方根**の考えかたで解こう！

1 2次方程式とは

例えば、$x^2 - 10 = 3x$ という式の右辺の $3x$ を左辺に移項すると

$x^2 - 3x - 10 = 0$ となります。

このように、**移項して整理すると（2次式）＝0 の形になる方程式**を、2次方程式といいます。

2 2次方程式 $ax^2 = b$ の解きかた

$ax^2 = b$ や $ax^2 - b = 0$ という形の2次方程式は、**平方根の考えかた**を使って解くことができます。

例題1　次の方程式を解きましょう。

（1）$x^2 = 36$　　　　　　　（2）$5x^2 - 60 = 0$　　　　　　　（3）$4x^2 - 11 = 0$

解答

（1）$x^2 = 36$ なので、

　　　x は36の平方根であることが

　　　わかります。

　　　だから、$x = \pm 6$

（2）$5x^2 - 60 = 0$　　　　　　-60を右辺に移項

　　　$5x^2 = 60$　　　　　　　両辺を5で割る

　　　　$x^2 = 12$　　　　　　　xは12の平方根

　　　　$x = \pm\sqrt{12}$　　　　　$a\sqrt{b}$ の形にする

　　　　$x = \pm 2\sqrt{3}$

（3）$4x^2 - 11 = 0$　　　　　　-11を右辺に移項

　　　$4x^2 = 11$　　　　　　　両辺を4で割る

　　　　$x^2 = \dfrac{11}{4}$　　　　　xは$\dfrac{11}{4}$の平方根

　　　　$x = \pm\sqrt{\dfrac{11}{4}}$　　　$\pm\sqrt{\dfrac{11}{4}} = \pm\dfrac{\sqrt{11}}{\sqrt{4}}$

　　　　$x = \pm\dfrac{\sqrt{11}}{2}$

🖋 **練習問題**

次の方程式を解きましょう。

（1）$3x^2=75$　　　　　　　　（2）$25x^2-8=0$

解答

（1）$3x^2=75$　　）両辺を3で割る
　　　$x^2=25$
　　　$x=\pm5$　　）xは25の平方根

（2）$25x^2-8=0$　　）-8を右辺に移項
　　　$25x^2=8$
　　　$x^2=\dfrac{8}{25}$　　）両辺を25で割る
　　　$x=\pm\sqrt{\dfrac{8}{25}}$　　）xは$\dfrac{8}{25}$の平方根
　　　$x=\pm\dfrac{2\sqrt{2}}{5}$　　）$\pm\sqrt{\dfrac{8}{25}}=\pm\dfrac{\sqrt{8}}{\sqrt{25}}$

3　2次方程式 $(x+a)^2=b$ の解きかた

$(x+a)^2=b$ という形の2次方程式も、**平方根の考えかた**を使って解くことができます。

例題2　次の方程式を解きましょう。

（1）$(x+5)^2=49$　　　　　　（2）$(x-6)^2-10=0$

解答

（1）$x+5$は49の平方根なので

$x+5=\pm7$

これは $x+5$ が、$+7$または-7であることを表しています。

$x+5=7$のとき、$x=7-5=2$

$x+5=-7$のとき、$x=-7-5=-12$

$x=2$、$x=-12$

（2）-10を右辺に移項すると

$(x-6)^2=10$

$x-6$は10の平方根なので

$x-6=\pm\sqrt{10}$
　　　　-6を右辺に移項
$x=6\pm\sqrt{10}$

※「$x=6+\sqrt{10}$ または $x=6-\sqrt{10}$」であるとき、これをまとめて $x=6\pm\sqrt{10}$ のように表します。

 コレで完璧！ ポイント

2次方程式の解（答え）は1つか2つ！
すでに習った1次方程式の解（答え）は1つだけでした。
しかし、この項目で扱った2次方程式の解は

どれも2つでした。中学数学の範囲での2次方程式の解は、1つか2つであることをおさえましょう（解が1つだけの2次方程式は、次の項目で習います）。

PART
9
2次方程式

81

2 2次方程式を因数分解で解く

ここが
大切！

まず左辺を因数分解してから、2次方程式を解こう！

ひとつ前の項目では、平方根の考えかたを使って2次方程式を解きました。

一方、因数分解を使って2次方程式が解ける場合もあります。因数分解を使って2次方程式を解くとき、次の考えかたを利用します。

> 2つの式を A と B とするとき、
> $AB = 0$ ならば $A = 0$ または $B = 0$

例題 次の方程式を解きましょう。

$x^2 + 3x + 2 = 0$

解答

まず左辺の $x^2 + 3x + 2$ を因数分解します。

左辺は、$x^2 + (a + b) x + ab = (x + a)(x + b)$ の公式で因数分解できます。

$x^2 + 3x + 2$ を因数分解するために、「たして3、かけて2になる2つの数」を探しましょう。

「たして3、かけて2になる2つの数」を探すと、$+1$と$+2$が見つかります。だから、もとの2次方程式は、次のように変形できます。

$(x + 1)(x + 2) = 0$

$x + 1 = 0$ または $x + 2 = 0$

それぞれを解くと、 $x = -1、x = -2$

次の方程式を解きましょう。

（1）$x^2 - x = 0$　　　　（2）$x^2 - 5x - 14 = 0$　　　　（3）$x^2 + 10x + 25 = 0$

（4）$x^2 - 2x + 1 = 0$　　　　（5）$x^2 - 64 = 0$

解答

（1）$x^2 - x = 0$で、左辺の共通因数xをかっこの
　　　外にくくり出して因数分解すると
　　　　$x(x-1) = 0$
　　　　$x = 0$　または　$x - 1 = 0$
　　　　$\underline{x = 0、x = 1}$

（2）$x^2 - 5x - 14 = 0$の左辺を、
　　　$x^2 + (a+b)x + ab = (x+a)(x+b)$の公式で
　　　因数分解すると
　　　　$(x+2)(x-7) = 0$
　　　　$x + 2 = 0$　または　$x - 7 = 0$
　　　　$\underline{x = -2、x = 7}$

（3）$x^2 + 10x + 25 = 0$の左辺を、
　　　$x^2 + 2ax + a^2 = (x+a)^2$の公式で因数分解
　　　すると
　　　　$(x+5)^2 = 0$
　　　　$x + 5 = 0$
　　　　　　$\underline{x = -5}$

　　　※（3）（4）は、解（答え）が1つです。

（4）$x^2 - 2x + 1 = 0$の左辺を、$x^2 - 2ax + a^2 = (x-a)^2$
　　　の公式で因数分解すると
　　　　$(x-1)^2 = 0$
　　　　$x - 1 = 0$
　　　　　$\underline{x = 1}$

（5）$x^2 - 64 = 0$の左辺を、
　　　$x^2 - a^2 = (x+a)(x-a)$の公式で因数分解
　　　すると
　　　　$(x+8)(x-8) = 0$
　　　　$x + 8 = 0$　または　$x - 8 = 0$
　　　　$\underline{x = \pm 8}$

コレで完璧！ ポイント

$x^2 - 64 = 0$は、因数分解でも
平方根の考えかたでも解ける！

練習問題（5）の$x^2 - 64 = 0$は、ひとつ前の
項目で習った平方根の考えかたを使って、右
のように解くこともできます。

$$x^2 - 64 = 0$$
$$x^2 = 64$$
$$x = \pm 8$$

－64を右辺に移項

xは64の平方根

このように、因数分解と平方根のどちらの考
えかたでも解ける2次方程式があります。

3 2次方程式を解の公式で解く

解の公式 $x=\dfrac{-b\pm\sqrt{b^2-4ac}}{2a}$ をおさえよう！

1 解の公式とは

すでに習った**平方根、因数分解、どちらの
考えかたでも、2次方程式が解けない場合**
は、解の公式を使って解きましょう。

> **2次方程式の解の公式**
>
> 2次方程式 $ax^2+bx+c=0$の解は
>
> $$x=\dfrac{-b\pm\sqrt{b^2-4ac}}{2a}$$

例題1 次の方程式を解きましょう。

（1）$2x^2+3x-4=0$

（2）$3x^2-7x+2=0$

解答

（1）$\underset{a}{2x^2}+\underset{b}{3x}\underset{c}{-4}=0$

解の公式に、$a=2$、$b=3$、$c=-4$
を代入して計算すると

$$x=\dfrac{-3\pm\sqrt{3^2-4\times2\times(-4)}}{2\times2}$$

$$=\dfrac{-3\pm\sqrt{9+32}}{4}$$

$$=\underline{\dfrac{-3\pm\sqrt{41}}{4}}$$

（2）$\underset{a}{3x^2}\underset{b}{-7x}\underset{c}{+2}=0$

解の公式に、$a=3$、$b=-7$、$c=2$
を代入して計算すると

$$x=\dfrac{-(-7)\pm\sqrt{(-7)^2-4\times3\times2}}{2\times3}$$

$$=\dfrac{7\pm\sqrt{49-24}}{6}$$

$$=\dfrac{7\pm\sqrt{25}}{6}$$

$$=\dfrac{7\pm5}{6} \leftarrow \dfrac{7+5}{6}\text{または}\dfrac{7-5}{6}\text{という意味}$$

$$x=\dfrac{7+5}{6}=\dfrac{12}{6}=2$$

$$x=\dfrac{7-5}{6}=\dfrac{2}{6}=\dfrac{1}{3} \qquad \underline{x=\dfrac{1}{3}、x=2}$$

2 bが偶数のときの解の公式

2次方程式 $ax^2 + bx + c = 0$ で、b が偶数のとき、b を2で割ったものを b' とすると、右の解の公式が成り立ちます。

> **bが偶数のときの解の公式**
>
> 2次方程式 $ax^2 + bx + c = 0$ で、b を2で割ったものを b' とすると
>
> $$x = \frac{-b' \pm \sqrt{b'^2 - ac}}{a}$$

例題2 次の方程式を解きましょう。

$2x^2 + 6x + 1 = 0$

解答

b が偶数の6なので、「b が偶数のときの解の公式」が使えます。

b を2で割ったものが b' なので、$b' = 6 \div 2 = 3$

「b が偶数のときの解の公式」に、$a = 2$、$b' = 3$、$c = 1$を代入すると、右の **式** のように計算できます。

式
$$x = \frac{-3 \pm \sqrt{3^2 - 2 \times 1}}{2}$$
$$= \frac{-3 \pm \sqrt{9 - 2}}{2}$$
$$= \frac{-3 \pm \sqrt{7}}{2}$$

例題 の解きかたを理解したら、解答をかくして、自力で解いてみましょう。

> **コレで完璧！ ポイント**
>
> **「bが偶数のときの解の公式」も覚えたほうがいい理由**
>
> 「解の公式だけでも覚えるのが大変なのに、『b が偶数のときの解の公式』も覚えないといけないの？」このように思った方もいるかもしれません。
>
> しかし、「b が偶数のときの解の公式」も覚えることで、すばやく正確に計算できるようになります。
>
> 例えば、**例題2** は、通常の解の公式でも解くことができますが、右のようにややこしい計算になります。
>
> $$x = \frac{-6 \pm \sqrt{6^2 - 4 \times 2 \times 1}}{2 \times 2}$$
> $$= \frac{-6 \pm \sqrt{28}}{4}$$
> $$= \frac{-6 \pm 2\sqrt{7}}{4}$$
> $$= \frac{-3 \pm \sqrt{7}}{2}$$
>
> $\sqrt{28}$を$2\sqrt{7}$に変形して約分
>
> このように、約分が必要な計算になってしまうので、「b が偶数のときの解の公式」で解くことをおすすめします。

2次方程式の文章題

ここが
大切！

2次方程式の文章題は、4ステップで解こう！

2次方程式の文章題は、
右の4ステップで解きま
しょう。

> ステップ **1** 求めたいものを x とする
> ステップ **2** 方程式をつくる
> ステップ **3** 方程式を解く
> ステップ **4** 解が問題に適しているかどうかを確かめる

1 数に関する文章題

例題1 ▶ ある自然数に2をたした数の2乗が、もとの数を10倍して11たした数に等しいと
き、もとの自然数を求めましょう。

解答

4つのステップによって、次のように解くことができます。

ステップ **1** 求めたいものを x とする

もとの自然数を x とします。

ステップ **2** 方程式をつくる

自然数 x に2をたした数の2乗は、$(x+2)^2$ と表せます。
もとの数を10倍して11たした数は、$10x+11$ と表せます。
これらが等しいので、右の方程式が成り立ちます。

$$\underset{\underset{\text{(2をたした数の2乗)}}{\uparrow}}{(x+2)^2} \quad = \quad \underset{\underset{\text{(10倍して11たした数)}}{\uparrow}}{10x+11}$$

ステップ **3** 方程式を解く

$$(x+2)^2 = 10x+11 \qquad (x+2)^2\text{を展開する}$$
$$x^2+4x+4 = 10x+11 \qquad \text{移項して右辺を0にする}$$
$$x^2+4x+4-10x-11 = 0 \qquad \text{左辺を整理する}$$
$$x^2-6x-7 = 0 \qquad \text{左辺を因数分解する}$$
$$(x+1)(x-7) = 0$$
$$x=-1、x=7$$

解が問題に適しているかどうかを確かめる

x は自然数（正の整数）なので、$x=7$ は問題に適していますが、$x=-1$ は問題に適していません。

だから、$x=7$

答え **7**

解が問題に適しているかどうか、最後に確認しよう！

2次方程式の文章題では、 例題1 の解説のように、最後に解が問題に適しているかどうか必ず確認するようにしましょう。

そうすれば、－1は答えとして適していないことがすぐにわかります。うっかり忘れる人が多いので注意しましょう。

2 面積に関する文章題

例題2 たての長さが横の長さより6cm短い長方形があり、この長方形の面積は112cm^2 です。この長方形のたての長さと横の長さをそれぞれ求めましょう。

解答

4つのステップによって、次のように解くことができます。

ステップ **1** 求めたいものを x とする

長方形の横の長さを $x$cm とします。

すると、たての長さは $(x-6)$ cm と表せます。

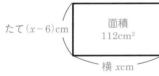

たて $(x-6)$cm　　面積 112cm^2　　横 $x$cm

ステップ **2** 方程式をつくる

「横×たて＝長方形の面積」なので、次の方程式をつくることができます。

$$\underset{横}{x} \times \underset{たて}{(x-6)} = \underset{面積}{112}$$

ステップ **3** 方程式を解く

$$x(x-6)=112 \quad\rightarrow x(x-6)を展開する$$
$$x^2-6x=112 \quad\rightarrow 移項して右辺を0にする$$
$$x^2-6x-112=0 \quad\rightarrow 左辺を因数分解する$$
$$(x+8)(x-14)=0$$
$$x=-8、x=14$$

ステップ **4**

解が問題に適しているかどうかを確かめる

x（横の長さ）は、たての長さより6（cm）長く、6より大きいので、

$x=14$ は問題に適していますが、$x=-8$ は問題に適していません。

だから、$x=14$

長方形の横の長さが14cm なので、たての長さは14－6＝8cm です。

答え **たての長さ8cm、横の長さ14cm**

1 $y＝ax^2$とグラフ

ここが
大切！

yはx^2に**比例**している　⟶　$y＝ax^2$とおこう！

1 yはx^2に比例する

$y＝3x^2$や、$y＝-2x^2$のように、$y＝ax^2$で表されるとき、「y は x^2 に比例する」といいます。

例題1　yはx^2に比例しており、$x＝2$のとき$y＝-12$です。次の問いに答えましょう。

（1）y を x の式で表しましょう。　　　（2）$x＝-4$のときのyの値を求めましょう。

解答

（1）「y を x の式で表す」というのは、「$y＝$（x をふくむ式）」という形にすることです。

　　y は x^2 に比例しているので、$y＝ax^2$ とおくことができます。そして、a を求めれば、

　　y を x の式で表すことができます。

　　$x＝2$と $y＝-12$を、$y＝ax^2$ に代入すると　$-12＝a×2^2$、　$-12＝4a$、　$a＝-3$

　　だから、$\underset{\sim}{y＝-3x^2}$

（2）$y＝-3x^2$に $x＝-4$を代入すると　$y＝-3×(-4)^2＝-3×16＝\underset{\sim}{\textbf{-48}}$

2 $y＝ax^2$のグラフ

例題2　$y＝\dfrac{1}{4}x^2$について、次の問いに答えましょう。

（1）$y＝\dfrac{1}{4}x^2$について、次の表を完成させましょう。

x	…	-6	-4	-2	0	2	4	6	…
y	…								…

（2）（1）の表をもとに、$y＝\dfrac{1}{4}x^2$のグラフをかきましょう。

（1）$y = \dfrac{1}{4}x^2$ の x にそれぞれの値を代入して、y の値を求めると、次のようになります。

x	…	-6	-4	-2	0	2	4	6	…
y	…	9	4	1	0	1	4	9	…

（2）（1）の表を見ながら、座標平面上に
これらの座標の点をとり、それを曲
線でなめらかに結ぶと、右のように、
$y = \dfrac{1}{4}x^2$ のグラフをかくことができ
ます。それぞれの点を直線で結ぶの
ではなく、なめらかな曲線で結ぶの
がポイントです。

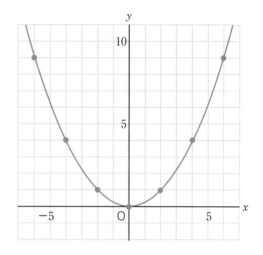

$y = ax^2$ のグラフのような曲線を、放物線（ほうぶつせん）といいます。
$y = ax^2$ のグラフは、必ず原点を通ります。

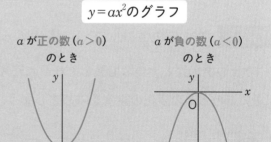

コレで完璧！ ポイント

$y = ax^2$ の a が正か負かで、
グラフがかわる！

例題2（2）で見た $y = \dfrac{1}{4}x^2$ は、a が正の数 $\left(\dfrac{1}{4}\right)$
で、グラフは上が開きます。
一方、例えば、$y = -3x^2$ のように、a が負の
数（-3）の場合、グラフは下が開くので覚
えておきましょう。

$y = ax^2$ のグラフ

a が正の数（$a > 0$）
のとき

上に開いた放物線

a が負の数（$a < 0$）
のとき

下に開いた放物線

2 変化の割合とは

ここが大切！

変化の割合とは$\dfrac{y の増加量}{x の増加量}$であることをおさえよう！

1 変化の割合とは

変化の割合とは、**xが増える量に対してyがどれだけ増えたかを示す割合**であり、$\dfrac{y の増加量}{x の増加量}$という形で表すことができます。増加量というのは、「どれだけ増えたのか」ということです。

例えば、xが2から5まで増えたなら、xの増加量は$5-2=3$です。このとき、yが1から7まで増えたなら、yの増加量は$7-1=6$です。その場合、**変化の割合** $= \dfrac{y の増加量}{x の増加量} = \dfrac{6}{3} = 2$となります。

2 1次関数の変化の割合

ここで、1次関数に話を戻して、1次関数の変化の割合について見てみましょう。

例題 1 1次関数$y = 3x + 1$で、xの値が2から6まで変化するとき、次の問いに答えましょう。

（1）xの増加量とyの増加量をそれぞれ答えましょう。

（2）このときの変化の割合を求めましょう。

解答

（1）xの値は2から6まで変化するので、xの増加量は$6-2=4$です。

$\quad$ $x = 2$を$y = 3x + 1$に代入すると$y = 3 \times 2 + 1 = 7$

$\quad$ $x = 6$を$y = 3x + 1$に代入すると$y = 3 \times 6 + 1 = 19$

$\quad$ yの値は7から19まで変化するので、yの増加量は$19 - 7 = 12$です。

答え xの増加量4、yの増加量12

（2）（1）より

$\quad$ 変化の割合 $= \dfrac{y の増加量}{x の増加量} = \dfrac{12}{4} = 3$

3 $y = ax^2$の変化の割合

次に、$y = ax^2$の変化の割合について見てみましょう。

例題2 関数$y = -3x^2$で、xの値が1から4まで変化するとき、次の問いに答えましょう。

（1）xの増加量とyの増加量をそれぞれ答えましょう。

（2）このときの変化の割合を求めましょう。

解答

（1）　xの値は1から4まで変化するので、xの増加量は$4-1=3$です。

$x = 1$を$y = -3x^2$に代入すると$y = -3 \times 1^2 = -3$

$x = 4$を$y = -3x^2$に代入すると$y = -3 \times 4^2 = -48$

yの値は-3から-48まで変化するので、yの増加量は$-48 - (-3) = -45$です（増加量が-45とは「45減少すること」を表します）。

答え　xの増加量3、yの増加量-45

（2）（1）より

$$変化の割合 = \frac{y の増加量}{x の増加量} = \frac{-45}{3} = -15$$

例題 の解きかたを理解したら、解答をかくして、自力で解いてみましょう。

 コレで完璧！ポイント

1次関数と$y = ax^2$の変化の割合の違い

1次関数$y = ax + b$の変化の割合は、傾きaに必ず等しくなるという性質があります。この性質を知っていれば、例題1 （2）の$y = 3x + 1$の変化の割合は、計算しなくても、3と求めることができます。

一方、$y = ax^2$の変化の割合について、見てみましょう。

例題2 （2）では、$y = -3x^2$で、xの値が1から4まで変化するときの変化の割合は、-15でした。

しかし、$y = -3x^2$で、xの値が2から5まで変化するときの変化の割合を求めると-21となり、さきほどの-15とは違う値になります。

まとめると、1次関数$y = ax + b$では、変化の割合はいつでも傾きのaに等しくなりますが、$y = ax^2$では、xの値が何から何に変化するかによって、変化の割合はかわります。

ですから、例題2 の解答のように、その都度、変化の割合を計算して求める必要があります。

1次関数と$y = ax^2$の変化の割合の違いをおさえましょう。

度数分布表と累積度数

ここが
大切！
　　　度数分布表や累積度数などの用語の意味を、ひとつずつ学んでいこう！

1 度数分布表とは

調査や実験などによって得られた数や量の集まりを、データといいます。

データを整理するときに、度数分布表が使われることがあります。

次の 表1 は、25人の生徒が、ある日、計算プリントに取り組んだ時間を、度数分布表に
表したものです。

表1

時間 (分)	度数 (人)
10 以上 ～ 15 未満	2
15　　～ 20	5
20　　～ 25	9
25　　～ 30	6
30　　～ 35	3
合計	25

この 表1 について、次の用語の意味をおさえましょう。

階級 ……………… **区切られたそれぞれの区間（ 表1 で、15分以上20分未満など）**

階級の幅 ……… **区間の幅（ 表1 の階級の幅は、5分）**

階級値 ………… **それぞれの階級の真ん中の値（ 表1 で、20分以上25分未満の階級値は、**
　　　　　　　　(20＋25)÷2を計算して、22.5分と求められる）

度数 …………… **それぞれの階級にふくまれるデータの個数（ 表1 で、例えば、25分以**
　　　　　　　　上30分未満の度数は、6人）

度数分布表 …… **表1 のように、データをいくつかの階級に区切って、それぞれの階級の**
　　　　　　　　度数を表した表

2 累積度数とは

もっとも小さい階級の度数から、それぞれの階級までの度数をすべてたした値を、**累積度数**といいます。次の **例題** を解きながら、累積度数の意味をおさえましょう。

例題 次の **表2** は、前ページの **表1** に、累積度数の欄(らん)と、㋐〜㋚の記号を加えたものです。この表の㋑、㋓、㋕、㋗、㋙の□にあてはまる累積度数を、それぞれ答えましょう。

表2

時間(分)	度数(人)	累積度数(人)
10 以上(いじょう) 〜 15 未満(みまん)	㋐ 2	㋑ □
15 〜 20	㋒ 5	㋓ □
20 〜 25	㋔ 9	㋕ □
25 〜 30	㋖ 6	㋗ □
30 〜 35	㋘ 3	㋙ □
合計	㋚ 25	

💡 ヒント
← ㋑=㋐
← ㋓=㋑+㋒
← ㋕=㋓+㋔
← ㋗=㋕+㋖
← ㋙=㋗+㋘(=㋚)

解答

㋑、㋓、㋕、㋗、㋙の順に、□にあてはまる累積度数を求めていきます。

㋑=㋐=2(人)

㋓=㋑+㋒=2+5=7(人)

㋕=㋓+㋔=7+9=16(人)

㋗=㋕+㋖=16+6=22(人)

㋙=㋗+㋘=22+3=25(人)

答え ㋑ **2**、㋓ **7**、㋕ **16**、㋗ **22**、㋙ **25**

上の **例題** で、例えば、㋕の16は、「取り組んだ時間が、25分未満の人数の合計が16人」であることを表しています。このように、**累積度数から「〜未満の度数の合計」をすぐに知る**ことができます。

コレで完璧! ポイント

2021年度からの新学習指導要領で新用語が加わった単元!

2021年度からの新学習指導要領で、「累積度数」や、次の項目で習う「四分位範囲(しぶんいはんい)」「箱ひげ図(はこず)」などの用語が、中学数学の範囲に加わりました。

難しそうな印象をもった方もいるかもしれませんが、この PART 11 で使うのは**算数レベルの計算**だけです。計算自体はかんたんなので、**それぞれの用語の意味と求めかたをおさえる**ことに力を入れましょう。

それぞれの用語をひとつずつしっかり理解できれば、得意分野にしていける単元です。

PART **11**
データの活用

2 四分位範囲と箱ひげ図

ここが
大切!

四分位範囲＝第3四分位数－第1四分位数であることをおさえよう!

データ全体の特徴を、1つの数値で表すとき、その数値を代表値といいます。
代表値には、平均値、中央値、最頻値などがあります。
次の 練習問題 を解きながら、データに関するさまざまな用語について、その意味を確認し
ていきましょう。

👆 **練習問題**

10人の生徒が15点満点の漢字テストを受けたとき、それぞれの得点は次のようになりまし
た。このとき、後の問いに答えましょう。

12　　10　　8　　11　　14　　15　　12　　7　　10　　12

（1）このデータの平均値は何点ですか。

（2）このデータの中央値は何点ですか。

（3）このデータの最頻値は何点ですか。

（4）このデータの範囲は何点ですか。

（5）このデータの第1四分位数、第2四分位数、第3四分位数は、それぞれ何点ですか。

（6）このデータの四分位範囲は何点ですか。

解答

（1）「データの値の合計」を「データの値の個数」で割ったものを、平均値といいます。

$$(12+10+8+11+14+15+12+7+10+12) \div 10 = 11.1 (点)$$
データの値の合計　　　　　　　　　　　　個数

答え　　**11.1点**

（2）**データを小さい順に並べたとき、中央にくる値を、中央値、またはメジアンといいます。**

このデータの値の個数は偶数(10個)です。この場合、データを小さい順に並べたとき、中央にくる2つ
の値の平均値を、中央値とするようにしましょう。

このデータを小さい順に並べて中央値を求めると、次のようになります。

中央に2つの値が並ぶ

7　8　10　10　⑪　⑫　12　12　14　15

中央値は「11と12の平均」

中央値は $(11+12) \div 2 = 11.5 (点)$

答え　　**11.5点**

※データの値の個数が奇数のときの中央値の求めかたは、（5）の解説を参照。

（3）**データの中で、もっとも個数の多い値を、最頻値、またはモードといいます。**

10個の値の中で、もっとも個数の多い値は12点（個数は3個で最多）です。

だから、最頻値は12点です。

答え　**12**点

（4）**データの最大値と最小値の差を、範囲といいます。**このデータにおいて、最大値の15点から最小値の7

点を引くと、範囲が（15−7＝）8点であることがわかります。

答え　**8**点

（5）**データを値の小さい順に並べたとき、4等分する位置の値を、四分位数といいます。**データの散らばり

具合を「範囲」よりもさらに詳しく知るために、四分位数や、（6）で習う四分位範囲が使われます。

四分位数は、小さい順に、第1四分位数、第2四分位数、第3四分位数といいます。**第2四分位数は、**

データ全体の中央値と同じ意味です。

このデータの四分位数を調べると、次のようになります。

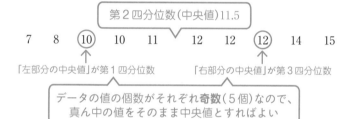

第2四分位数（中央値）11.5

7　　8　　⑩　　10　　11　　12　　12　　⑫　　14　　15

「左部分の中央値」が第1四分位数　　　　「右部分の中央値」が第3四分位数

データの値の個数がそれぞれ**奇数（5個）**なので、
真ん中の値をそのまま中央値とすればよい

答え　　第1四分位数**10**点、第2四分位数**11.5**点、第3四分位数**12**点

（6）**第3四分位数から第1四分位数を引いた値を、四分位範囲といいます。**このデータの四分位範囲を求

めると、次のようになります。

答え　**2**点

四分位範囲＝第3四分位数−第1四分位数＝12−10＝2点

5つの値を、箱ひげ図に表そう！

最小値、第1四分位数、第2四分位数（中央値）、第3四分位数、最大値の計5つの値を図に表したものが、**箱ひげ図**です。

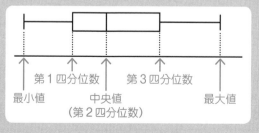

第1四分位数　　第3四分位数

最小値　　中央値　　　　最大値
　　　（第2四分位数）

箱ひげ図をかくことによって、データの散らばり具合を、目で見てわかりやすい形に表すことができます。

練習問題のデータについて、箱ひげ図をかくと、次のようになります。

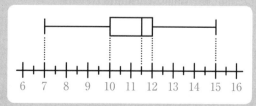

6　7　8　9　10　11　12　13　14　15　16

・近似値（真の値ではないが、それに近い値）や誤差（近似値から真の値を引いた差）、有効数字（近似値を表す数字のうち、意味のある数字）について学びたい方は、特典PDFをダウンロードしてください（5ページ参照）。

1 確率とは

ここが
大切！　　確率（かくりつ）とは $\dfrac{\text{あることがらが起こるのが何通りあるか}}{\text{全部で何通りあるか}}$ であることを

おさえよう！

1 確率とは

確率（かくりつ）は、右の式で表すことができます。

$$確率 = \dfrac{\text{あることがらが起こるのが何通りあるか}}{\text{全部で何通りあるか}}$$

例題1 ◀ 1つのサイコロを投げるとき、奇数の目が出る確率を求めましょう。

解答 ◀ サイコロを投げると、1〜6の全部で6通りの目の出かたがあります。

一方、奇数の目が出るのは、1、3、5の3通りです。

だから、確率は次のように求められます。

$$確率 = \dfrac{\text{あることがらが起こるのが何通りあるか}}{\text{全部で何通りあるか}} = \dfrac{3}{6} = \dfrac{1}{2}$$　　　答え $\dfrac{1}{2}$

✍ 練習問題1

ジョーカーを除く52枚のトランプから1枚をひくとき、そのカードがスペードである確率を求めましょう。

解答

52枚のトランプから1枚をひくと、全部で
52通りのひきかたがあります。

一方、スペードは1〜13の13枚あるので、
13通りのひきかたがあります。

だから、確率は右のように求められます。

$$確率 = \dfrac{\text{あることがらが起こるのが何通りあるか}}{\text{全部で何通りあるか}}$$
$$= \dfrac{13}{52} = \dfrac{1}{4}$$

答え $\dfrac{1}{4}$

2 樹形図をかいて確率を求める

「何通りあるか」を調べるために使う、木が枝分かれしたような形の図を樹形図（じゅけいず）といいます。
樹形図を使うことによって、もれや重なりのないように、何通りか調べることができます。
樹形図をかいて確率を求める問題を解いてみましょう。

例題2 2枚の硬貨を投げるとき、1枚が表で1枚が裏になる確率を求めましょう。

解答

2枚の硬貨を、硬貨 X、硬貨 Y とします。そして、表と裏の出かたを**樹形図に表す**と、下のようになります。

硬貨 X　硬貨 Y

表 —— 表
　　　　裏 ★

裏 —— 表 ★
　　　　裏

樹形図から、出かたは**全部で4通り**あります。

一方、1枚が表で1枚が裏になる出かたは、★をつけた**2通り**です。

だから、確率は次のように求められます。

$$確率 = \frac{あることがらが起こるのが何通りあるか}{全部で何通りあるか} = \frac{2}{4} = \frac{1}{2}$$

答え $\dfrac{1}{2}$

コレで完璧！ ポイント

直感で答えず、樹形図をかいて求めよう！

例題2 の「2枚の硬貨を投げるとき、1枚が表で1枚が裏になる確率は？」という問題に対して、直感で $\frac{1}{3}$ と答える生徒がいます。

そのようにまちがう理由は、表と裏の出かたを（表、表）、（表、裏）、（裏、裏）の全部で3通りだと考えているからでしょう。

しかし、例題2 の解答のように、樹形図をかいて調べることによって、出かたは全部で4通りあることがわかります。そして、そのうちの2通りがあてはまるので、$\frac{2}{4} = \frac{1}{2}$ と正しい確率を求めることができます。

このように、**確率の問題は直感に頼らず、樹形図をかいて考える**ようにしましょう。

練習問題2

3枚の硬貨を投げるとき、2枚が表で1枚が裏になる確率を求めましょう。

解答

3枚の硬貨を、硬貨 X、硬貨 Y、硬貨 Z とします。そして、表と裏の出かたを**樹形図に表す**と、下のようになります。

硬貨 X　硬貨 Y　硬貨 Z

表 —— 表 —— 表
　　　　　　　　裏 ★
　　　　裏 —— 表 ★
　　　　　　　　裏

裏 —— 表 —— 表 ★
　　　　　　　　裏
　　　　裏 —— 表
　　　　　　　　裏

樹形図から、出かたは**全部で8通り**あります。

一方、2枚が表で1枚が裏になる出かたは、★をつけた**3通り**です。

だから、確率は次のように求められます。

$$確率 = \frac{あることがらが起こるのが何通りあるか}{全部で何通りあるか}$$
$$= \frac{3}{8}$$

答え $\dfrac{3}{8}$

2 2つのサイコロを投げるときの確率

ここが
大切！

2つのサイコロを投げる問題は、表をかいて考えよう！

例題　大小2つのサイコロを投げるとき、出た目の和が11以上になる確率を
　　　求めましょう。

解答

2つのサイコロを投げる問題では、次のような表をかいて考えましょう。

大\小	1	2	3	4	5	6
1						
2						
3						
4						
5						○	← 和が11
6					○	○	← 和が12

左の表のように、大小2つのサイコロの
目の出かたは全部で、6×6＝36通りです。
一方、出た目の和が11以上になるのは、
○の印をつけた3通りです。

だから、確率は $\frac{3}{36} = \frac{1}{12}$ と求められます。

答え $\frac{1}{12}$

コレで完璧！ ポイント

起こらない確率の求めかたとは？

「くじ」には、ふつう「当たり」と「はずれ」
があります。仮に、すべてが「当たり」のく
じについて考えてみましょう。3つのくじが
あるとして、その3つすべてが「当たりくじ」
だということです。

この場合、3つのくじのうち、どれをひいて
も必ず当たるため、当たる確率は次のように
求められます。

$$確率 = \frac{あることがらが起こるのが何通りあるか}{全部で何通りあるか} = \frac{3}{3} = 1$$

つまり、「必ず起こる確率」は1だということ
です。

このことから、あることがらAが起こらない
確率について、

（Aの起こらない確率）＝1－（Aの起こる確率）

という公式が成り立ちます。必ず起こる確率
が1なので、この公式が成り立つのです。

大小2つのサイコロを投げるとき、次の問いに答えましょう。

（1）同じ目が出る確率を求めましょう。

（2）異なる目が出る確率を求めましょう。

（3）出た目の積が6になる確率を求めましょう。

解答

（1）表をかいて考えます。

大＼小	1	2	3	4	5	6
1	○					
2		○				
3			○			
4				○		
5					○	
6						○

左の表から、大小2つのサイコロの目の出かたは**全部で36通り**です。

そして、同じ目が出るのは、○の印をつけた**6通り**です。

だから、同じ目が出る確率は $\frac{6}{36} = \frac{1}{6}$ です。

答え $\dfrac{1}{6}$

（2）**異なる目が出る確率は、1から「同じ目が出る確率」を引けば求められます。**
左ページの 🌀 コレで完璧！ポイント を参照してください。

（異なる目が出る確率）＝1－（同じ目が出る確率）

$$= 1 - \frac{1}{6} = \frac{5}{6}$$

答え $\dfrac{5}{6}$

（3）表をかいて考えます。

大＼小	1	2	3	4	5	6
1						○
2			○			
3		○				
4						
5						
6	○					

左の表から、出た目の積が6になるのは、○の印をつけた**4通り**です。

だから、出た目の積が6になる確率は $\frac{4}{36} = \frac{1}{9}$ です。

答え $\dfrac{1}{9}$

1 おうぎ形の弧の長さと面積

ここが
大切！
おうぎ形の公式を覚える合言葉は「$\dfrac{中心角}{360}$ をかける」！

1 おうぎ形とは

円周上の一部分を弧といいます。そして、弧と2つの半径に
よって囲まれた形をおうぎ形といいます。
また、おうぎ形で、2つの半径がつくる角を中心角といいます。

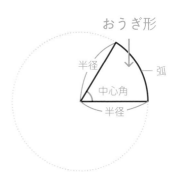

2 おうぎ形の弧の長さと面積の求めかた

小学校で習う算数では円周率に3.14を使うことが多かったですが、中学数学では円周率を
π（読みかたはパイ）という文字で表します。

おうぎ形の公式の覚えかた

合言葉は「$\dfrac{中心角}{360}$ をかける」！

おうぎ形の弧の長さと面積は、次の公式で求めます。それぞれ、円周の長さ

と円の面積に「$\dfrac{中心角}{360}$ をかける」を合言葉にすると、覚えやすいです。

おうぎ形の弧の長さ＝半径×2×π×$\dfrac{中心角}{360}$

　　　　　　　　　　円周の長さ　　に　$\dfrac{中心角}{360}$ をかける！

※「円周の長さ＝直径×π
＝半径×2×π」なので、
ここでは、「円周の長さ
＝半径×2×π」を使っ
ています。

おうぎ形の面積＝半径×半径×π×$\dfrac{中心角}{360}$

　　　　　　　　　　円の面積　　に　$\dfrac{中心角}{360}$ をかける！

左のおうぎ形の弧の長さと面積を
それぞれ求めましょう。

150°

6cm

解答

半径が6cm、中心角が150°なので、それを公
式にあてはめて計算します。
まず、弧の長さを求めましょう。

> **おうぎ形の弧の長さ**
>
> $=$ 半径 $\times 2 \times \pi \times \dfrac{\text{中心角}}{360}$

$=6 \times 2 \times \pi \times \dfrac{150}{360}$

$=\overset{1}{6} \times \overset{1}{2} \times \pi \times \dfrac{5}{\underset{1}{12}}$

$=5\pi$ （cm）

次に、面積を求めましょう。

> **おうぎ形の面積**
>
> $=$ 半径 $\times$ 半径 $\times \pi \times \dfrac{\text{中心角}}{360}$

$=6 \times 6 \times \pi \times \dfrac{150}{360}$

$=\overset{1}{6} \times \overset{3}{6} \times \pi \times \dfrac{5}{\underset{1}{12}}$

$=15\pi$ （cm²）

答え　弧の長さ **5πcm**、面積 **15πcm²**

 コレで完璧！ ポイント

**おうぎ形の面積を求める
もう1つの公式とは？**

おうぎ形の面積を求める公式は、もう１つあ
ります。それは次の公式です。

おうぎ形の面積 $=\dfrac{1}{2} \times$ 弧の長さ $\times$ 半径

この公式を知っていると、例えば右のような
問題をかんたんに解くことができます。

[例] 次のおうぎ形の面積を求めましょう。

弧
6πcm

半径
15cm

解きかた

おうぎ形の面積 $=\dfrac{1}{2} \times$ 弧の長さ $\times$ 半径
$=\dfrac{1}{2} \times 6\pi \times 15 = \underline{45\pi}$ （cm²）

2 対頂角、同位角、錯角

ここが
大切！

2つの直線が平行なとき { ・**同位角**は等しい
・**錯角**は等しい }

1 対頂角とは

2つの直線が交わるときにできる向かい合った角を
対頂角といいます。

そして、「対頂角は等しい」という性質があります。

右の図で、$\angle a$ と $\angle c$ は対頂角なので等しいです。

また、$\angle b$ と $\angle d$ も対頂角なので等しいです。

※中学数学では、角のことを$\angle$の記号で表します。

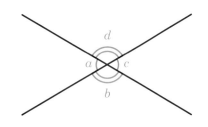

2 同位角と錯角

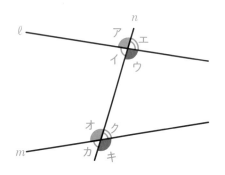

左の図のように、2つの直線 ℓ 、m に、直線 n が交わっています。

このとき、$\angle$ア と $\angle$オ、$\angle$イ と $\angle$カ、$\angle$ウ と $\angle$キ、$\angle$エ と $\angle$ク のような位置にある角を同位角といいます。

また、$\angle$イ と $\angle$ク、$\angle$ウ と $\angle$オ のような位置にある角を錯角といいます。

直線 ℓ と直線 m が平行であるとき、記号 // を使って、$\ell\ /\!/\ m$ と表します。

$\ell\ /\!/\ m$ であるとき、次のことが成り立ちます。

①同位角は等しい

②錯角は等しい

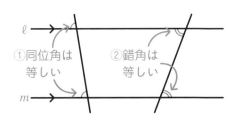

①同位角は等しい　②錯角は等しい

※⇄は平行であることを表します。

錯角は４種類に分けられる！
中学生を指導していると、どの角とどの角が
錯角になるか迷う生徒がけっこういました。
そのため、私は錯角を下の４種類に分けて教
えるようにしました。

このように、錯角を４種類に分けて教えると
スムーズに理解できる生徒が多かったので、
この理解のしかたをおすすめします。

①Z形の錯角

②ぺしゃんこZ形の
　錯角

③逆Z形の錯角

④ぺしゃんこ逆Z形
　の錯角

例題 右の図で、$\ell /\!/ m$ のとき、$\angle a \sim \angle e$
の大きさを求めましょう。

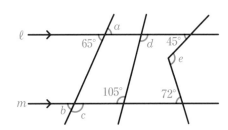

解答

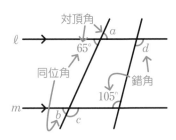

$65°$の角と$\angle a$は**対頂角なので等しい**です。だから、$\angle a = 65°$
$65°$の角と$\angle b$は同位角で、**２つの直線が平行であるとき、**
同位角は等しいので、$\angle b = 65°$
直線のつくる角は180°なので、180°から65°（$\angle b$）を引けば、
$\angle c$の大きさが求められます。だから、$\angle c = 180° - 65° = 115°$
$105°$の角と$\angle d$は錯角で、**２つの直線が平行であるとき、**
錯角は等しいので、$\angle d = 105°$

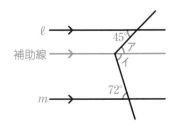

$\angle e$の大きさを求めるために、左のように、**直線ℓ、mに**
平行な補助線を引き、$\angle e$を$\angle$アと$\angle$イに分けます。補助
線とは、問題を解くために新たにかく線のことです。

すると、$45°$の角と$\angle$アは**錯角**になり、$72°$の角と$\angle$イは**錯**
角になります。

２つの直線が平行であるとき、錯角は等しいので、$\angle$ア$= 45°$、$\angle$イ$= 72°$となります。
だから、$\angle e = \angle$ア$+ \angle$イ$= 45° + 72° = 117°$

答え $\angle a = \mathbf{65°}$、$\angle b = \mathbf{65°}$、$\angle c = \mathbf{115°}$、$\angle d = \mathbf{105°}$、$\angle e = \mathbf{117°}$

3 多角形の内角と外角

次の2つをおさえよう！

n角形の内角の和＝$180° \times (n-2)$
多角形の外角の和は$360°$

1 多角形の内角

多角形とは、**三角形、四角形、五角形…などのように、直線で囲まれた図形**のことです。

多角形の内角について見ていきましょう。

内角とは、**多角形の内側の角**のことです。

三角形の内角の和は$180°$で、四角形の内角の和は$360°$です。

多角形の内角の和は、右の公式で求められます。

n 角形の内角の和＝$180° \times (n-2)$

例題 次の図形の∠xの大きさを求めましょう。

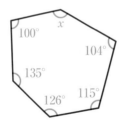

解答

この図形は六角形です。

n 角形の内角の和＝$180° \times (n-2)$ の公式から

六角形の内角の和＝$180° \times (6-2) = 720°$

$720°$から∠x以外の5つの内角の和を引くと

∠$x = 720° - (100° + 135° + 126° + 115° + 104°)$
　　$= 720° - 580° = \textbf{140°}$

✍ 練習問題1

正八角形の1つの内角の大きさは何度ですか。

解答

n角形の内角の和＝$180° \times (n-2)$の公式から

八角形の内角の和＝$180° \times (8-2) = 1080°$

正八角形の8つの内角の大きさはすべて等しいので、$1080°$を8で割れば、1つの内角の大きさが求められます。

$1080° \div 8 = 135°$

2 多角形の外角

多角形の１つの辺と、となりの辺の延長とがつくる角を、**外角**といいます。

多角形では、右のように、１つの頂点について、２つの外角があります。なお、２つの外角は対頂角なので大きさは等しくなります。

多角形の外角の和は360°になるという性質があります。

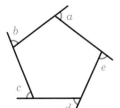

$$\underbrace{\angle a + \angle b + \angle c + \angle d + \angle e}_{\text{外角の和}}$$
$$= 360°$$

コレで完璧！ ポイント

「多角形の外角の和は360°」の意味を正しく理解しよう！

多角形の外角は、１つの頂点について２つずつあります。

しかし、「多角形の外角の和は360°」というのは、１つの頂点について１つずつの外角の和が360°であるということです。

つまり、図1の∠ア～∠オの外角の和は360°です。一方、図2では、１つの頂点について２つずつの外角があるので、∠カ～∠ソの和は、360°×2＝720°となります。

「多角形の外角の和は360°」の意味に注意しましょう。

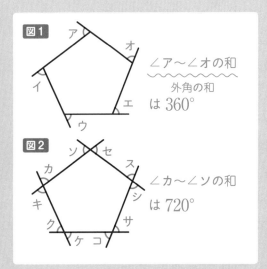

図1 ∠ア～∠オの和 外角の和 は360°

図2 ∠カ～∠ソの和 は720°

練習問題2

次の図で、∠アの大きさを求めましょう。

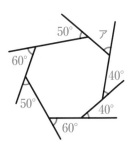

解答

多角形の外角の和は360°です。だから、360°から∠ア以外の６つの外角の和を引けば、∠アの大きさが求められます。

∠ア＝360°－（50°＋60°＋50°＋60°＋40°＋40°）
　　＝360°－300°＝60°

PART
13
平面図形その１

1 三角形の合同条件

ここが
大切！

三角形の3つの合同条件をおさえよう！

1 合同とは

2つの図形を、移動させることによって重ね合わせることができるとき、それらの図形は合同であるといいます。 ざっくりいうと、**形も大きさも同じ図形**が、合同な図形です。

三角形 ABC は $\triangle ABC$ と表します。また、$\triangle ABC$ と $\triangle DEF$ が合同であるとき、記号 ≡ を使って、$\triangle ABC \equiv \triangle DEF$ と表します。

合同な図形で、ぴったり重なり合う点、辺、角を、それぞれ対応する点、対応する辺、対応する角といいます。

そして、**合同な図形の対応する辺の長さや角の大きさは等しい**という性質があります。

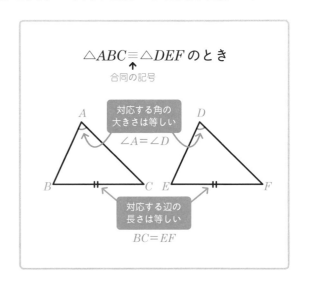

$\triangle ABC \equiv \triangle DEF$ のとき
合同の記号

対応する角の大きさは等しい
$\angle A = \angle D$

対応する辺の長さは等しい
$BC = EF$

2 三角形の合同条件

次の3つの合同条件のうちのどれかが成り立つとき、2つの三角形は合同であるといえます。

三角形の合同条件

① 3組の辺がそれぞれ等しい。

② 2組の辺とその間の角がそれぞれ等しい。

間の角

③ 1組の辺とその両端の角がそれぞれ等しい。

両端の角

次の図で、合同な三角形の組をすべて見つけて、記号≡を使って答えましょう。
また、そのときに使った合同条件をいいましょう。

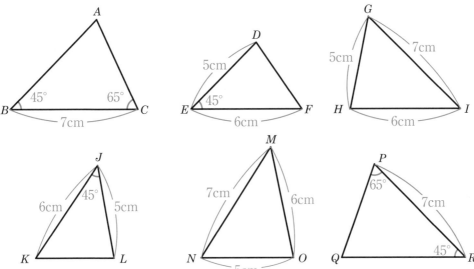

解答

△*ABC*と△*QRP*について、

BC=*RP*、∠*B*=∠*R*、∠*C*=∠*P*であり、1組の辺とその両端の角がそれぞれ等しいので、

△*ABC*≡△*QRP*

△*DEF*と△*LJK*について、

DE=*LJ*、*EF*=*JK*、∠*E*=∠*J*であり、2組の辺とその間の角がそれぞれ等しいので、

△*DEF*≡△*LJK*

△*GHI*と△*NOM*について、

GH=*NO*、*HI*=*OM*、*IG*=*MN*であり、3組の辺がそれぞれ等しいので、

△*GHI*≡△*NOM*

 コレで完璧！ポイント

対応する順に書こう！

例題で、例えば、△*ABC*と△*QRP*において、∠*A*と∠*Q*、∠*B*と∠*R*、∠*C*と∠*P*はそれぞれ対応して（ぴったり重なって）います。だから、対応する順に△*ABC*≡△*QRP*と書く必要があります。

これを、△*ABC*≡△*RPQ*のように対応順に書かなかった場合、テストなどで減点もしくはまちがいとされる場合があります。
辺や角の表記も、対応する順に書くようにしましょう。

2 三角形の合同を証明する

ここが
大切！
証明の流れをおさえよう！

1 仮定、結論、証明とは

「○○○ならば□□□」という形で、○○○の部分を仮定、□□□の部分を結論といいます。
いいかえると、**問題文ですでにわかっていることが仮定**で、**明らかにしたいことが結論**です。
そして、**仮定をもとに、すじ道をたてて結論を明らかにすることを証明**といいます。

2 反例とは （「反例」は2021年度からの新しい学習指導要領で追加された用語です。）

例えば、「x と y がどちらも正の数ならば、$x + y$ は正の数である」という文は、つねに正しいです。数学では、このように、**結論が例外なく正しいことを「成り立つ」**といいます。

一方、「x と y がどちらも正の数ならば、$x - y$ は正の数である」という文は、つねに正しいとは限りません。例えば、$x = 2$、$y = 5$ のとき、$x - y = 2 - 5 = -3$ （負の数）となって、正の数になりません。この場合の、「$x = 2$、$y = 5$」のように、**結論にあてはまらない例**のことを、反例といいます。

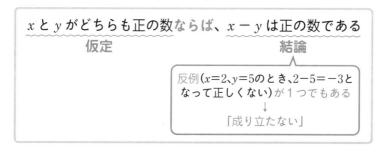

反例を1つだけでも示すことができた場合、その文を「**成り立たない**」といいます。つまり、「x と y がどちらも正の数ならば、$x - y$ は正の数である」という文は成り立ちません。

3 三角形の合同を証明する問題

例題

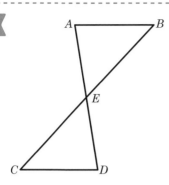

左の図で、AD と BC との交点を E とします。AB // CD、$EB = EC$ のとき、次の問いに答えましょう。

（1）$\triangle AEB \equiv \triangle DEC$ であることを証明しましょう。

（2）$EA = ED$ であることを証明しましょう。

解答

（1）$\triangle AEB$ と $\triangle DEC$ において ← はじめにどの三角形の合同を証明するかを書く

仮定より　$EB = EC$ ……① ← 仮定（問題文ですでにわかっていること）を書く

対頂角は等しいから　$\angle AEB = \angle DEC$ ……②

AB // CD で、平行線の錯角は等しいから ← 角の表しかたは、下の **コレで完璧！ ポイント** を参照

$\angle EBA = \angle ECD$ ……③

①、②、③より、<u>1組の辺とその両端の角がそれぞれ等しい</u>から

$\triangle AEB \equiv \triangle DEC$ ← 三角形の合同条件を書く

← 結論を書いて証明終了

（2）（1）から、$\triangle AEB \equiv \triangle DEC$

合同な図形の対応する辺の長さは等しいから、$EA = ED$

※「合同な図形の対応する辺の長さは等しい」というのは106ページで習った性質です。

例題 の解きかたを理解したら、解答をかくして、自力で解いてみましょう。

コレで完璧！ ポイント

角の表しかたに注意しよう！

図1 の★の角を、$\angle O$ と表すことはすでに述べました。さらに、★の角を、$\angle AOB$ または $\angle BOA$ のように、3つのアルファベットを使って表すこともあります。

次に、**図2** を見てください。
図2 で $\angle O$ と表すと、アの角を表すのか、イの角を表すのか、それともアとイを合わせた角を表すのか、はっきりしません。ですから、**図2** のような場合は、3つのアルファベットを使って角を表します。
例えば、アの角なら $\angle AOC$、イの角なら $\angle COB$ と表すようにしましょう。

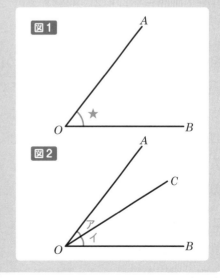

※「平行四辺形（2組の向かい合う辺がそれぞれ平行な四角形）の性質と証明問題」について学びたい方は、特典PDFをダウンロードしてください（5ページ参照）。

平面図形その2

PART 14

3 相似とは

ここが
大切！

相似な図形では {
・対応する辺の長さの比はすべて等しい
・対応する角の大きさはそれぞれ等しい

1つの図形を、一定の割合で拡大（または縮小）した図形は、もとの図形と相似であるといいます。ざっくりいうと、**形は同じだが、大きさが違う図形**が、相似な図形です。

図1で、△ABCのすべての辺の長さを2倍にしたのが、△DEFです。

図1で、△ABCと△DEFは相似です。そして、△ABCと△DEFは相似であることを、記号∽を使って△ABC∽△DEFと表します。

2つの相似な図形で、一方の図形を拡大（または縮小）して、もう一方にぴったり重なる点、辺、角を、それぞれ、**対応する点、対応する辺、対応する角**といいます（図2を参照）。

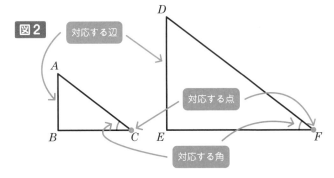

相似な図形で、対応する辺の長さの比を、相似比といいます。

図1で、例えば、辺ABに対応するのは、辺DEです。

△ABCと△DEFで対応する辺の長さの比（相似比）は次のようにどれも1：2になります。

辺AB：辺DE＝3cm：6cm＝1：2

辺BC：辺EF＝4cm：8cm＝1：2

辺CA：辺FD＝5cm：10cm＝1：2

このように、相似な図形では、対応する辺の長さの比（相似比）はすべて等しいという性質があります。

また、相似な図形では、対応する角の大きさはそれぞれ等しいという性質もあります。

比例式の内項の積と外項の積は等しい！

$A:B=C:D$ のように、比が等しいことを
表した式を**比例式**といいます。
比例式の内側の B と C を**内項**といい、外側の
A と D を**外項**といいます。

$$\overset{\text{外項}}{\overbrace{A:\underset{\underbrace{B:C}_{\text{内項}}}{}:D}}$$

比例式には、**内項の積と外項の積は等しい**と
いう性質があります。
例えば、4:3＝8:6 という比例式で確かめると、
右のように、**内項の積と外項の積は等しく**な
ることがわかります。

外項の積は $4 \times 6 = \boxed{24}$

$$4:3=8:6$$ 等しい

内項の積は $3 \times 8 = \boxed{24}$

つまり、次の公式が成り立ちます。

$$A:B=C:D$$
ならば
$$BC=AD$$
↑ 内項の積　↑ 外項の積

次の 練習問題 のように、相似な図形の辺の長
さを求める問題で、この比の性質を使って解
くことがあります。

🖊 練習問題

右の図で、△$ABC \backsim$△DEF であるとき、
次の問いに答えましょう。

（1） △ABC と △DEF の相似比を求めま
しょう。

（2） 辺 DE の長さを求めましょう。

（3） ∠A の大きさを求めましょう。

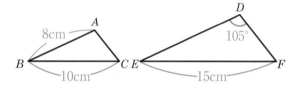

解答

（1） 相似比とは、対応する辺の長さの比のことです。
　　辺BC(10cm)に対応するのが、辺EF(15cm)なの
　　で、相似比は10:15＝2:3

（2） 相似な図形では、対応する辺の長さの比（相似比）
　　はすべて等しいので

　　　$\overset{AB}{\downarrow}$　　$\overset{\text{相似比}}{\frown}$
　　　$8:DE=2:3$

　　内項の積と外項の積は等しいから
　　　$\underset{\text{内項の積}}{DE \times 2} = \underset{\text{外項の積}}{8 \times 3}$
　　　$DE=24 \div 2=12\text{cm}$

（3） 相似な図形では、対応する角の大きさは
　　それぞれ等しいです。
　　　∠Aに対応するのは、∠D(＝105°)です。
　　だから、∠Aの大きさは、105°

4 三角形の相似条件

ここが大切！

三角形の3つの相似条件をおさえよう！

次の3つの相似条件のうちのどれかが成り立つとき、2つの三角形は相似であるといえます。

三角形の相似条件

① 3組の辺の比がすべて等しい。
→ $a:d = b:e = c:f$

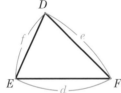

② 2組の辺の比とその間の角がそれぞれ等しい。
→ $a:d = c:f$ と $\angle B = \angle E$

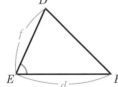

③ 2組の角がそれぞれ等しい。
→ $\angle B = \angle E$ と $\angle C = \angle F$

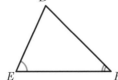

コレで完璧！ ポイント

三角形の合同条件と相似条件の違いをおさえよう！

三角形の合同条件と相似条件は似ている部分があります。そこで、その違いをおさえることも大事です。とくに、3つめの条件は大きく違うので、その違いを区別するようにしましょう。

三角形の合同条件

① 3組の辺がそれぞれ等しい。
② 2組の辺とその間の角がそれぞれ等しい。
③ 1組の辺とその両端の角がそれぞれ等しい。

三角形の相似条件

① 3組の辺の比がすべて等しい。
② 2組の辺の比とその間の角がそれぞれ等しい。
③ 2組の角がそれぞれ等しい。

次の図で、相似な三角形の組をすべて答えましょう。また、そのときに使った相似条件を
いいましょう。

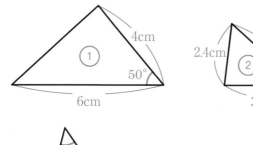

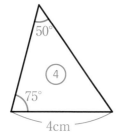

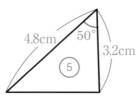

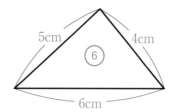

解答

①と⑤の2組の辺の比は、

$4 : 3.2 = 6 : 4.8$（$= 5 : 4$）で、

その間の角はどちらも50°です。

①と⑤は、<u>2組の辺の比とその間の角がそれぞれ等しい</u>から相似です。

②と⑥の3組の辺の比は、

$2.4 : 4 = 3 : 5 = 3.6 : 6$です。

②と⑥は、<u>3組の辺の比がすべて等しい</u>から相似です。

③と④は、どちらも内角が55°、50°、75°です（三角形の内角の和は180°なので、180°か
ら2つの角度の和を引いて、残りの角の大きさを求められるからです）。

③と④は、<u>2組の角がそれぞれ等しい</u>から相似です。

答え　①と⑤（2組の辺の比とその間の角がそれぞれ等しい）

　　　②と⑥（3組の辺の比がすべて等しい）

　　　③と④（2組の角がそれぞれ等しい）

5 三平方の定理

ここが 大切！

三平方の定理の式 $a^2+b^2=c^2$ をおさえよう！

1 三平方の定理とは

1つの角が直角である三角形を 直角三角形といいます。

直角三角形で、直角の向かい側にある辺を斜辺といいます。

※言葉の意味をはっきりと述べたものを定義といいます。また、定義をもとにして証明されたことがらを定理といいます。定義と定理について、もっと詳しく知りたい方は、特典PDFをダウンロードして、「平行四辺形の性質と証明問題」の コレで完璧！ ポイント をみてください（5ページ参照）。

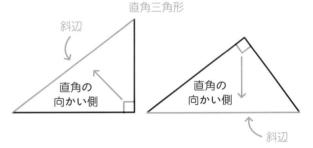

三平方の定理

直角三角形の直角をはさむ2つの辺の長さを a、b、斜辺の長さを c とします。

このとき、次の関係が成り立ち、これを 三平方の定理といいます。

$$a^2+b^2=c^2$$

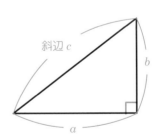

練習問題1

次の図で、x の値をそれぞれ求めましょう。

（1）

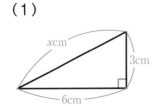

（2）

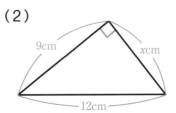

解答

（1）$x$cmの辺が斜辺です。
三平方の定理より、$3^2+6^2=x^2$

$x^2=9+36=45$

$x>0$なので

$x=\sqrt{45}=3\sqrt{5}$

$x=\pm\sqrt{45}$だが、xは辺の長さで正の数

（2）12cmの辺が斜辺です。
三平方の定理より、$9^2+x^2=12^2$

$x^2=144-81=63$

$x>0$なので

$x=\sqrt{63}=3\sqrt{7}$

$x=\pm\sqrt{63}$だが、xは辺の長さで正の数

2 三平方の定理と三角定規

三角定規は、30°、60°、90° の角をもつ直角三角形と、45°、45°、90° の角をもつ直角二等辺三角形の2種類があります。

これら2種類の三角定規の辺の比は、右のようになります。

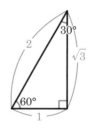

3辺の比は $1:2:\sqrt{3}$　　3辺の比は $1:1:\sqrt{2}$

 コレで完璧！ ポイント

2種類の三角定規の3辺の比を暗記しよう！

中学数学では、2種類の三角定規の3辺の比がそれぞれ、「$1:2:\sqrt{3}$」と「$1:1:\sqrt{2}$」で

あることを暗記することが求められます。

なぜなら、次の 練習問題2 のように、辺の比を暗記しておかないと解けない問題が出題されるからです。

練習問題2

右の図で、x の値をそれぞれ求めましょう。

（1）
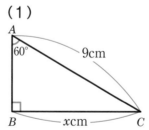

（2）
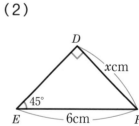

解答

（1）30°、60°、90° の角をもつ直角三角形なので、
3辺の比は$1:2:\sqrt{3}$です。

$AC:BC=9:x=2:\sqrt{3}$

内項の積と外項の積は等しいので

$2x=9\sqrt{3}$

$x=\dfrac{9\sqrt{3}}{2}$

（2）45°、45°、90° の角をもつ直角三角形なので、
3辺の比は$1:1:\sqrt{2}$です。

$DF:EF=x:6=1:\sqrt{2}$

内項の積と外項の積は等しいので

$\sqrt{2}\times x=6$

$x=\dfrac{6}{\sqrt{2}}=\dfrac{6\sqrt{2}}{2}=3\sqrt{2}$

6 円周角の定理

ここが大切！

1つの弧に対する円周角の大きさは
- **一定（同じ）である**
- **その弧に対する中心角の半分である**

円周上の一部分を弧といいます。右の図で、円周の一部である青い部分を、弧 AB といい、$\overset{\frown}{AB}$ と表します。また、**円周上の2点を結ぶ線分**を弦といいます。

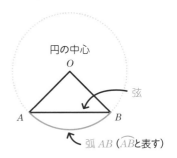

円の中心
O
弦
A　B
弧 AB（$\overset{\frown}{AB}$と表す）

右の図のように、円周上に3点 A、B、P をとったとき、$\angle APB$ を $\overset{\frown}{AB}$ に対する**円周角**といいます。
また、円の中心 O、点 A、点 B を結んでできる $\angle AOB$ を**中心角**といいます。

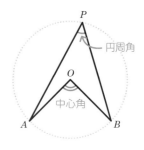

P
円周角
O
中心角
A　B

円周角には、次の2つの定理があります。

円周角の定理

① 1つの弧に対する円周角の大きさは一定（同じ）である。

[例]

x　y　z

$\angle x = \angle y = \angle z$
〰〰〰〰
円周角の
大きさは
一定(同じ)

1つの弧

② 1つの弧に対する円周角の大きさは、その弧に対する中心角の半分である。

[例]

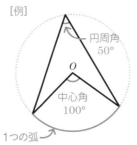

円周角
50°
O
中心角
100°

1つの弧

例えば、
中心角が100°
のとき、
円周角は
その半分の50°
になる。

🖉 練習問題

次の図で、∠ア〜∠エの大きさを求めましょう。ただし、点 O は円の中心とします。

(1)

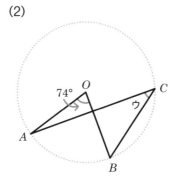

(2)

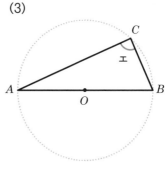

(3)

解答

(1) ∠アと∠CAD（=30°）はどちらも $\overset{\frown}{CD}$ に対する円周角です。
1つの弧に対する円周角の大きさは一定なので、
∠ア＝∠CAD＝30°

∠イと∠ADB（=40°）はどちらも $\overset{\frown}{AB}$ に対する円周角です。
1つの弧に対する円周角の大きさは一定なので、
∠イ＝∠ADB＝40°

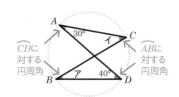

(2) ∠ウは $\overset{\frown}{AB}$ に対する円周角で、∠AOB（=74°）は $\overset{\frown}{AB}$ に対する中心角です。
1つの弧に対する円周角の大きさは、その弧に対する中心角の半分なので、
∠ウ＝∠AOB÷2＝74°÷2＝37°

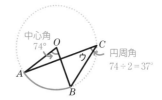

(3) ∠AOBは $\overset{\frown}{AB}$ に対する中心角で、直線がつくる角なので180°です。
一方、∠エは $\overset{\frown}{AB}$ に対する円周角です。
1つの弧に対する円周角の大きさは、その弧に対する中心角の半分なので、
∠エ＝∠AOB÷2＝180°÷2＝90°

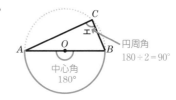

🐦 コレで完璧！ ポイント

半円の弧に対する円周角は必ず直角になる！

練習問題 （3）で、半円の弧 AB に対する円周角の∠エが 90°（直角）になりました。
右の図のように、半円の弧に対する円周角は必ず直角になるので、おさえておきましょう。

半円の弧に対する円周角はすべて直角になる

半円の弧

平面図形その2

PART
14

117

1 柱体の表面積

ここが
大切！ **角柱や円柱の表面積は、側面積＋底面積×2で**
求められることをおさえよう！

小学校で習う算数では、角柱と円柱の体積の求めかたについて学びました。
中学数学では、角柱と円柱の表面積の求めかたについて学びます。

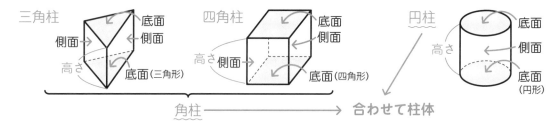

三角柱　四角柱　円柱
底面　側面　高さ　底面（三角形）
底面　側面　高さ　底面（四角形）
高さ　側面　底面　底面（円形）
角柱 ─────→ 合わせて柱体

上の3つのうち、左の2つのような立体を**角柱**、一番右のような立体を**円柱**といいます。
そして、これらの立体を合わせて柱体といいます。
柱体について、次の用語の意味をおさえましょう。

底面…上下に向かい合った2つの面
底面積…1つの底面の面積
側面…角柱では、まわりの長方形（または正方形）。円柱では、まわりの曲面
側面積…側面全体の面積
表面積…立体のすべての面の面積をたしたもの

柱体（角柱と円柱）の表面積は、どちらも
右の公式で求めることができます。

> 柱体の表面積 ＝ 側面積 ＋ 底面積 × 2

また、**立体の表面積**は、その**立体の展開図**（立体の表面を、はさみなどで切り開いて平面
に広げた図）の面積と同じです。

例題 次の立体の表面積を求めましょう。

(1)
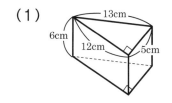
13cm
6cm
12cm　5cm

(2)
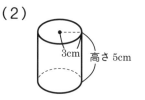
3cm　高さ 5cm

解答

（1）この立体は、**三角柱**です。この三角柱の展開図は、**図1**のようになります。

図1

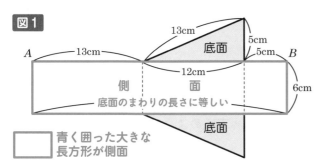

青く囲った大きな
長方形が側面

この展開図の面積を求めれば、表面積が求められます。

まず、側面積（側面の長方形の面積）を求めましょう。

側面の長方形の横（図の AB）の長さと、底面のまわりの長さは同じです。

だから側面積は、　$6 \times (13+12+5) = 180\,(\text{cm}^2)$
高さ × 底面のまわりの長さ

一方、底面積は、　$12 \times 5 \div 2 = 30\,(\text{cm}^2)$

だから表面積は、　$180 + 30 \times 2 = 240\,(\text{cm}^2)$
側面積 + 底面積 × 2

答え　**240cm²**

（2）この立体は、**円柱**です。この円柱の展開図は、**図2**のようになります。

図2

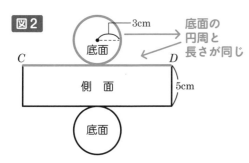

底面の
円周と
長さが同じ

この展開図の面積を求めれば、表面積が求められます。

まず、側面積（側面の長方形の面積）を求めましょう。

側面の長方形をぐるっと巻いて、底面の円にくっつけると円柱ができます。

だから、**側面の長方形の横（図の CD）の長さと、底面の円周の長さが同じであることがわかります。**

だから側面積は、　$5 \times (3 \times 2 \times \pi) = 30\pi\,(\text{cm}^2)$
高さ × 底面の円周の長さ

底面積は、　$3 \times 3 \times \pi = 9\pi\,(\text{cm}^2)$

だから表面積は、　$30\pi + 9\pi \times 2 = 48\pi\,(\text{cm}^2)$
側面積 + 底面積 × 2

答え　**48 π cm²**

 コレで完璧！ ポイント

**柱体の側面積は
「高さ×底面のまわりの長さ」で求める！**

例題 （1）の三角柱の側面積と、（2）の円柱の側面積を求めるときに、「柱体の側面積＝

高さ×底面のまわりの長さ」という式を使いました。角柱や円柱の側面積を求めるときに役に立つので、おさえておくとよいでしょう。

空間図形

2 錐体（すいたい）と球（きゅう）の体積と表面積 [1]

ここが
大切！ **角錐（かくすい）や円錐（えんすい）の体積は、$\frac{1}{3}$×底面積×高さ で求めよう！**

角錐や円錐の表面積は、側面積＋底面積で求めよう！

1 錐体の体積の求めかた

三角錐
側面→ 高さ
底面（三角形）

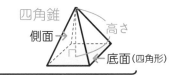
四角錐
側面→ 高さ
底面（四角形）

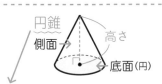
円錐
側面→ 高さ
底面（円）

角錐 ——————————————→ 合わせて錐体

上の3つのうち、左の2つのような立体を角錐（かくすい）、一番右のような立体を円錐（えんすい）といいます。そして、これらの立体を合わせて錐体（すいたい）といいます。錐体は、とんがった部分があるのが特徴です。

錐体（角錐や円錐）の体積は、右の公式で求めることができます。

$$\text{錐体の体積}=\frac{1}{3}\times\text{底面積}\times\text{高さ}$$

 コレで完璧！ ポイント

$\frac{1}{3}$をかけるのを忘れないようにしよう！

錐体の体積を求めるとき、$\frac{1}{3}$をかけるのを忘れるというケアレスミスに注意してください。

柱体の体積を求めるときは$\frac{1}{3}$をかけませんが、錐体の体積を求めるときは$\frac{1}{3}$をかけることをおさえましょう。

$$\text{柱体の体積}=\text{底面積}\times\text{高さ} \qquad \text{錐体の体積}=\frac{1}{3}\times\text{底面積}\times\text{高さ}$$

練習問題1

右の立体の体積を求めましょう。

（1）底面は1辺5cmの正方形

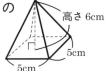
高さ6cm
5cm
5cm

（2）

高さ3cm
2cm

解答

（1）角錐の体積＝$\frac{1}{3}$×底面積×高さ、なので

$$\frac{1}{3}\times\underset{\text{底面積}}{5\times5}\times\underset{\text{高さ}}{6}=\underline{50\text{cm}^3}$$

（2）円錐の体積＝$\frac{1}{3}$×底面積×高さ、なので

$$\frac{1}{3}\times\underset{\text{底面積}}{2\times2\times\pi}\times\underset{\text{高さ}}{3}=\underline{4\pi\text{cm}^3}$$

2 錐体の表面積の求めかた

錐体（角錐や円錐）の表面積は、次の公式で求めることができます。

> 錐体の表面積＝側面積＋底面積

円錐の表面積の求めかたを、例をあげて解説します。

右の **図1** の円錐の表面積を求めてみましょう。

図1 の円錐の5cm の部分を**母線**といいます。

この円錐の展開図は、**図2** のようになります。

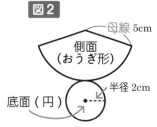

図2 のように、円錐の展開図は、側面がおうぎ形で、底面が円であることをおさえましょう。

まず、この円錐の**側面積**（側面のおうぎ形の面積）から求めましょう。円錐の側面積は、次の公式で求めることができます。

円錐の側面積を求める公式	**合言葉は「ハハハンパイ」！**

$$円錐の側面積＝\underline{母線}×\underline{半径}×\underline{\pi}$$
語呂合わせ→「ハハ　ハン　パイ」

この公式から、**図1** の円錐の**側面積**（側面のおうぎ形の面積）は

$$\underset{母線\ \times}{\underline{5}} \times \underset{半径\ \times}{\underline{2}} \times \underset{\pi}{\underline{\pi}} = 10\pi\,(\mathrm{cm}^2)$$

図1 の円錐の底面の半径は2cm なので、**底面積**（底面の円の面積）は

$$2×2×\pi = 4\pi\,(\mathrm{cm}^2)$$

だから、**図1** の円錐の**表面積**は　　$\underset{側面積}{\underline{10\pi}} + \underset{底面積}{\underline{4\pi}} = 14\pi\,(\mathrm{cm}^2)$

次のページで、錐体の表面積を求める練習をしましょう。

3 錐体と球の体積と表面積 2

球の体積は、「身の上に心配ある参上(さんじょう)」の語呂合わせで覚えよう！
球の表面積は、「心配ある事情(じじょう)」の語呂合わせで覚えよう！

3 錐体の表面積を求める練習

錐体（角錐や円錐）の表面積を求める練習をしましょう。

練習問題2

右の立体の表面積を求めましょう。

（1）底面が1辺5cmの正方形で、側面の4つの三角形は合同

（2）

解答

（1）この立体は、四角錐です。

この四角錐の側面は、4つの合同な三角形（底辺は5cm、高さは8cm）からできています。

また、この四角錐の底面は、1辺が5cmの正方形です。

だから、この四角錐の表面積は、次のように求められます。

$$\underbrace{5 \times 8 \div 2 \times 4}_{\text{側面積}} + \underbrace{5 \times 5}_{\text{底面積}} = 80 + 25 = \underline{105\,(\text{cm}^2)}$$

三角形の面積

（2）この立体は、円錐です。

円錐の側面積＝母線×半径×π なので、
この円錐の側面積は

$$\underbrace{10}_{\text{母線}} \times \underbrace{7}_{\text{半径}} \times \underbrace{\pi}_{\times \pi} = 70\pi\,(\text{cm}^2)$$

底面積は $7 \times 7 \times \pi = 49\pi\,(\text{cm}^2)$

だから表面積は

$$\underbrace{70\pi}_{\text{側面積}} + \underbrace{49\pi}_{\text{底面積}} = \underline{119\pi\,(\text{cm}^2)}$$

4 球の体積と表面積の求めかた

次のような立体を、球といいます。

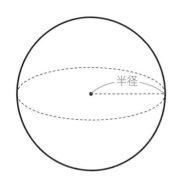

半径

球の体積と表面積は、次の公式で求めることができます。

> **球の体積と表面積を求める公式**
>
> **半径を r とすると**　球の体積 $= \dfrac{4}{3}\pi r^3$
>
> 　　　　　　　　　　球の表面積 $= 4\pi r^2$

 コレで完璧！ ポイント

球の体積と表面積の求めかたは、
語呂合わせで覚えよう！
球の体積は、「身の上に心配ある参上」の語呂
合わせで、
球の表面積は、「心配ある事情」の語呂合わせで
それぞれ覚えるようにしましょう。

球の体積 $= \dfrac{4}{3}\pi r^3$

$\underset{3}{(身の上に}\ \underset{4}{心}\ \underset{\pi}{配}\ ある\ \underset{r}{参}\underset{3乗}{上})$

球の表面積 $= 4\pi r^2\ (\underset{4}{心}\ \underset{\pi}{配}\ ある\ \underset{r}{事}\underset{2乗}{情})$

🖊 練習問題3

次の球の体積と表面積を求めましょう。

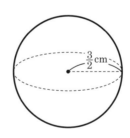

$\frac{3}{2}$ cm

解答

この球の半径は $\dfrac{3}{2}$cmです。

半径を r とすると、球の体積 $= \dfrac{4}{3}\pi r^3$ なので、
この球の体積は

$$\frac{4}{3}\times\pi\times\left(\frac{3}{2}\right)^3 = \frac{\overset{1}{4}}{3}\times\pi\times\frac{\overset{1}{3}}{2}\times\frac{3}{2}\times\frac{3}{2}$$

$$= \frac{9}{2}\pi\,(\mathrm{cm}^3)$$

半径を r とすると、球の表面積 $= 4\pi r^2$ なので、
この球の表面積は

$$4\times\pi\times\left(\frac{3}{2}\right)^2 = \overset{1}{4}\times\pi\times\frac{3}{2}\times\frac{3}{2}$$

$$= 9\pi\,(\mathrm{cm}^2)$$

意味つき索引

あ行

移項 ……………… 40、41〜43、53、80、81、83、86、87
等式の項を、その符号（＋と－）をかえて、左辺から右辺に、または右辺から左辺に移すこと

1次関数 ………………………… 56、57〜59、90、91
x と y が「$y = ax + b$」の式で表されるとき、「y は x の1次関数である」という

1次関数のグラフ ………………………… 56、57〜61

1次式 ………………………………………………… 25
次数が1の式

1次方程式 …………………………………………… 42
移項して整理すると「（1次式）＝0」の形になる方程式

因数 …………………………………………………… 74
積をつくっているひとつひとつの数や式のこと

因数分解 ……………… 74、75〜79、82〜84、86、87
多項式をいくつかの因数の積の形に表すこと

右辺 ……… 38、40、41、53、74、76、80、81、83、86、87
等式で、等号＝の右側の式

x 座標 ……………………………………………… 44
座標平面上で、例えばある点の座標が（a,b）のときの a のこと

x 軸 …………………………………………… 44、45
座標平面上で、原点 O を通る横の数直線

円周角 …………………………………………… 116、117
円周上の1点から引いた2つの弦のつくる角

円周角の定理 ………………………………………… 116
① 1つの弧に対する円周角の大きさは一定(同じ)である
② 1つの弧に対する円周角の大きさは、その弧に対する中心角の半分である

円錐 …………………………………… 120、121、122
円柱 …………………………………………… 118、119

おうぎ形 ………………………………… 100、101、121
弧と2つの半径によって囲まれた形

か行

解 ………………………………………… 38、81、83〜87
方程式を成り立たせる値

外角 …………………………………………… 104、105
多角形の1つの辺と、となりの辺の延長とがつくる角

階級 ………………………………………………… 92、93
区切られたそれぞれの区間

階級値 ………………………………………………… 92
それぞれの階級の真ん中の値

階級の幅 ……………………………………………… 92
区間の幅

外項 …………………………………………… 111、115
比例式 A：B ＝ C：D の外側の A と D

解の公式 …………………………………………… 84、85
2次方程式 $ax^2 + bx + c = 0$ の解を求めるための公式
$$x = \frac{-b \pm \sqrt{b^2 - 4ac}}{2a}$$

角錐 …………………………………………… 120、122
角柱 …………………………………………… 118、119

確率 ………………………………………… 96、97〜99
あることがらが起こる可能性を数値で表したもの。次の式で表される。確率＝$\dfrac{\text{あることがらが起こるのが何通りあるか}}{\text{全部で何通りあるか}}$

加減法 …………………………………… 50、51〜53、55
連立方程式の解きかたの1つで、両辺をたしたり引いたりして、文字を消去して解く方法

傾き …………………………………………… 56、58、91
1次関数 $y = ax + b$ の a のことで、グラフの傾き具合を表すもの

仮定 …………………………………………… 108、109
「○○○ならば□□□」という形で、○○○の部分

逆数 …………………………………………………… 28、29
2つの数の積が1になるとき、一方の数をもう一方の数の逆数という

球 …………………………………………… 122、123

共通因数 …………………………………… 74、75、83
2つ以上の項や式で、共通な因数

係数 ………………………… 24、26、51、53、55、75
$3a$ の3や、$-5x$ の－5のように、文字をふくむ単項式の数の部分

結論 …………………………………………… 108、109
「○○○ならば□□□」という形で、□□□の部分

弦 …………………………………………………… 116
円周上の2点を結ぶ線分

原点 …………………………………… 44、45、47、89
座標平面上での x 軸と y 軸の交点

弧 …………………………………… 100、101、116、117
円周上の一部分

項 ………………………… 24、25〜27、40、74、75
多項式で、＋で結ばれたひとつひとつの単項式

著者紹介

小杉　拓也（こすぎ・たくや）

◉──東大卒プロ数学講師、志進ゼミナール塾長。東大在学時から、プロ家庭教師、SAPIXグループの個別指導塾などで指導経験を積み、常にキャンセル待ちの人気講師として活躍。

◉──現在は、自身で立ち上げた中学・高校受験の個別指導塾「志進ゼミナール」で生徒の指導を行う。毎年難関校に合格者を輩出。指導教科は小学校と中学校の全科目で、暗算法の開発や研究にも力を入れている。数学が苦手な生徒の偏差値を18上げて、難関高校（偏差値60台）に合格させるなど、成績を飛躍的に伸ばす手腕に定評がある。

◉──もともと数学が得意だったわけではなく、中学3年生のときの試験では、学年で下から3番目の成績。分厚い数学の問題集をすべて解いても成績が上がらなかったため、基本に立ち返って教科書で勉強をしたところ、テストで点数がとれるようになる。それだけではなく、ほとんど塾に通わずに現役で東大に合格するほど学力が伸びた。この経験から、「自分にとって難しすぎる問題を解いても無意味」ということを知り、苦手意識のある生徒の学力向上に活かしている。

◉──著書は、シリーズでベストセラーとなった『改訂版　小学校6年間の算数が1冊でしっかりわかる本』『改訂版　小学校6年間の算数が1冊でしっかりわかる問題集』『高校の数学Ⅰ・Aが1冊でしっかりわかる本』（すべてかんき出版）、『増補改訂版　中学校3年分の数学が教えられるほどよくわかる』（ベレ出版）など多数ある。

◉──本書は、15万部のロングセラーとなった『中学校3年間の数学が1冊でしっかりわかる本』を、2021年度からの新学習指導要領に対応させた改訂版である。

かんき出版 学習参考書のロゴマークができました！

明日（あした）を変（か）える。未来（みらい）が変（か）わる。

マイナス60度にもなる環境を生き抜くために、たくさんの力を蓄えているペンギン。
マナPenくんは、知識と知恵を蓄え、自らのペンの力で未来を切り拓く皆さんを応援します。

マナPenくん®

改訂版（かいていばん）中学校（ちゅうがっこう）3年間（ねんかん）の数学（すうがく）が1冊（さつ）でしっかりわかる本（ほん）

2016年9月1日	初版　第1刷発行
2021年2月16日	改訂版第1刷発行
2024年9月2日	改訂版第10刷発行

著　者──小杉　拓也

発行者──齊藤　龍男

発行所──株式会社かんき出版
　　　　　東京都千代田区麹町4-1-4 西脇ビル　〒102-0083
　　　　　電話　営業部：03(3262)8011(代)　編集部：03(3262)8012(代)
　　　　　FAX　03(3234)4421　　　　　振替　00100-2-62304
　　　　　https://kanki-pub.co.jp/

印刷所──TOPPANクロレ株式会社

・カバーデザイン
　Isshiki

・本文デザイン
　二ノ宮　匡（ニクスインク）

・DTP
　茂呂田　剛（エムアンドケイ）
　畑山　栄美子（エムアンドケイ）